江苏水利工程精细化管理丛书

堤防精细化管理

DIFANG JINGXIHUA GUANLI

江苏省水利厅◎编著

U1008502

河海大学出版社
HOHAI UNIVERSITY PRESS
·南京·

图书在版编目(CIP)数据

堤防精细化管理 / 江苏省水利厅编著. -- 南京 : 河海大学出版社，2020.12(2022.8 重印)

ISBN 978-7-5630-6357-4

Ⅰ. ①堤… Ⅱ. ①江… Ⅲ. ①堤防—管理—江苏 Ⅳ. ①TV871.2

中国版本图书馆 CIP 数据核字(2020)第 255656 号

书　　名　堤防精细化管理

书　　号　ISBN 978-7-5630-6357-4

责任编辑　彭志诚

责任校对　金　怡

装帧设计　黄　煜　吴建中

出版发行　河海大学出版社

地　　址　南京市西康路 1 号(邮编:210098)

电　　话　(025)83737852(总编室)

　　　　　　(025)83722833(营销部)

经　　销　江苏省新华发行集团有限公司

排　　版　南京布克文化发展有限公司

印　　刷　江苏凤凰数码印务有限公司

开　　本　787 毫米×1092 毫米　1/16

印　　张　12.25

字　　数　304 千字

版　　次　2020 年 12 月第 1 版

印　　次　2022 年 8 月第 3 次印刷

定　　价　76.00 元

《江苏水利工程精细化管理丛书》

编辑委员会

主任委员:张劲松

委　　员:陆一忠　王冬生　问泽杭

陈昌仁　夏方坤　郭　宁

高杏根　魏强林　周灿华

周和平　张友明　万　骏

《堤防精细化管理》

编写组

主　　编：陆一忠

副 主 编：罗伯明　　周和平

编写人员：郭　宁　　高杏根　　张友明

徐　铭　　刘洪林　　万　骏

赵　勇　　许　涛　　何　羌

章成伟　　陈　凯　　陈　钟

序

“水”是江苏最为鲜明的符号。江苏境内水系发达、水网密布、水韵流芳，天然河流与人工河道纵横交错，湖泊湿地和水库塘坝星罗棋布，不但有横穿东西的长江、纵贯南北的大运河，还有包孕吴越的太湖、名肇隋唐的洪泽湖，是全国唯一拥有大江大河大湖大海的省份。全省 10.72 万 km^2 土地承接上游近 200 万 km^2 的洪水过境，80%的地面处于洪水位之下，历来有“洪水走廊”之称。

特殊的地理位置和水系特点，决定了江苏因水得益。水为利时，成就了苏南鱼米之乡、苏北千年漕运之繁华；反之，水为患时，江淮大地频受洪涝旱渍之害、人民群众饱受水患之苦。治水患、兴水利一直是江苏儿女孜孜以求的目标。中华人民共和国成立后，江苏开展了治淮治太、江水北调、江海堤防达标等大规模水利工程建设，建成了较为完整的防洪除涝减灾体系，实现了长江、太湖、淮河和沂沭泗四大水系互调互济，构成了水灾害防御、水资源调配、水生态保护的坚实防线。

管理出效益。加强管理是保证水利工程安全运用、设计效益充分发挥的关键所在。面广量大的江河堤防、数以万计的涵闸泵站，全省水利工程管理任务艰巨，亟待科学规范的管护。江苏水利始终坚持一建就管，建管并重的理念，从起步探索建立水利工程管理机构、管理体制机制开始，到 20 世纪 70 年代，逐步形成了统一管理与分级管理相结合的体制。进入 20 世纪 80 年代，工程管理规范化、制度化建设探索实践，在水利深化改革浪潮中，管理体制机制进一步优化完善。90 年代后，相继制定了水闸、泵站系列管理办法和规章制度。21 世纪初，水闸、泵站技术管理办法在实践基础上得以修订完善，并制定印发堤防、水库技术管理办法，工程管理制度化建设基石愈发坚固。随着《江苏省水利工程管理考核办法》及考核标准的实施，水利工程管理考核工作全面推行，工程规范化、制度化、科学化管理进入新阶段。江苏水利始终坚持与时俱进、创新发展，经过长期深入实践，工程管理机制体制、技术手段、制度体系日臻健全，管理能力持续提升，一大批工程管理单位通过国家级、省级水利工程管理单位考核验收，工程管理稳步发展提升，服务经济社会成效显著。

借鉴先进的精细化管理理念和科学方法，是江苏水利贯彻习近平总书记十六字治水思路，落实“补短板、强监管、提质效”发展总基调，促进水利工程管理提档升级的重要举措。江苏水利以科学严谨的态度，敢为人先的勇气，突破工程管理传统思维定式，弘扬追求卓越的“工匠精神”，把精细化管理作为全省水利工程规范化管理的“升级版”、工程安全高效运行的“总阀门”、工程管理向现代化迈进的“推进器”，贯彻“精、准、细、严”的核心思想，以专业化为前提、系统化为保证、数据化为标准、信息化为手段，加强顶层设计，开展专题研究，构建理论体系，确立水利工程精细化管理的基本模式、工作体系、实施路径，先行先试，典型引领，逐步推广。先后出台《江苏省水利工程精细化管理指导意见》，印发《江苏省水利工程精细化管理评价办法》，围绕“六大管理”（管理任务、管理标准、管理制度、管理流程、管理评价和管理平台），细化目标任务、明晰工作标准、规范作业流程、健全管理制度、强化考核评价、构建信息平台，探索实践水利工程精细化管理的“江苏经验”。这是新时代江苏水利以科学理论推动工程管理提质增效的里程碑，也将为全国水利工程管理高质量发展提供经典案例。

为科学指导全省水利工程精细化管理有效推进，省水利厅组织编制了《江苏水利工程精细化管理丛书》，包括泵站工程、水闸工程、水库工程、堤防工程等4个分册，以“六大管理”为主线，指明了水利工程管理应该做什么、谁来做、如何做。内容切合实际，具有很强的可操作性、实践性。在水利建设迅猛发展的良好机遇期，该系列丛书的成功付梓，必将成为江苏水利精细化管理实践指南，为江苏水利锤炼精益求精的工程管理队伍，打造江苏水利管理精品奠定理论和实践基础，创造江苏水利工程管理更加辉煌的业绩。

2020年12月

前言

江苏滨江临海，境内分布长江、淮河、太湖和沂沭泗四大水系，地势平坦，平原辽阔，湖泊众多，水网密布，海陆相邻，既是鱼米之乡，又是“洪水走廊”。中华人民共和国成立后，开展了以控制流域洪水泛滥、约束洪水归槽的流域防洪工程建设，以洪涝分开、高低分排为主的区域防洪排涝工程建设，以江水北调、江水东引、引江济太为骨干的供水工程建设，以中低产田改造、灌区建设、平原河网化、圩区改造为重点的农田水利建设，建成了防洪治涝工程、调水配水工程、农村水利工程、河湖管护工作等四大体系。水闸、泵站、水库、堤防星罗棋布、协同配合，构成了水灾害防御、水资源调配、水生态保障的坚实防线。水利工程管理经过长期的探索和发展，经历了从无到有、从低到高，不断完善、持续提高的过程，逐步形成了较为完善的管理体系。特别是近十多年来，一大批水利工程管理单位通过国家级、省级水利工程管理单位考核验收，管理水平全面提升，服务保障能力持续增强，成为江苏省水利工程规范化管理的典范。

在新时代江苏水利全面推进高质量发展和现代化建设的新形势下，省水利厅提出在全省水利工程规范化管理的基础上，推进水利工程精细化管理，探索符合水利现代化要求的精细化管理新模式。为科学指导精细化管理有效推进，促进精细化管理在全省各地落地生根，省水利厅组织江苏省江都水利工程管理处、江苏省洪泽湖管理处等单位编制了《江苏水利工程精细化管理丛书》，共分水闸、泵站、水库、堤防精细化管理等 4 个分册。

《堤防精细化管理》共分七章，分别为概述、管理任务、管理标准、管理制度、管理流程、管理评价、管理平台，阐述了堤防工程精细化管理的思路、方法和重点工作，力求为全省堤防工程管理单位推进精细化管理提供工作指引和业务指导。

由于编者水平有限，本书中难免存在不妥和不足之处，敬请专家和广大读者批评指正。

目录

第一章　概述

第一节　堤防工程管理现状

一、流域水系

江苏位于我国大陆东部，沿海地区中部，地处长江、淮河流域下游，东濒黄海，境内河湖众多、水网稠密。全省总面积 10.72 万 km^2，其中河湖水面占 16.9%。

以仪六丘陵经江都、328 国道至如泰运河一线为分水岭，江苏分为长江、淮河两大流域。人工开凿的京杭运河穿越两大流域腹地及下游诸水系。

江苏长江流域分为长江水系和太湖水系。境内长江水系面积 1.91 万 km^2，细分为石臼湖、固城湖、秦淮河、滁河、苏北沿江等区域水系；境内太湖水系面积 1.96 万 km^2，细分为太湖湖西、武澄锡虞、阳澄淀泖、浦南等区域水系。

江苏淮河流域以废黄河为界，分为淮河水系和沂沭泗水系。境内淮河水系面积 3.86 万 km^2，细分为洪泽湖周边及以上、白马湖、高宝湖、渠北、里下河等区域水系，涉及淮安、扬州、盐城、泰州、宿迁、南通等市。境内沂沭泗水系面积 2.54 万 km^2，细分为沂河、沭河、中运河等干河水系及南四湖湖西、骆马湖以上中运河两岸、沂北、沂南、废黄河等区域水系，涉及徐州、宿迁、淮安、连云港等市。

根据《省政府关于江苏省骨干河道名录（2018 年修订）的批复》（苏政复〔2019〕20 号），全省列入省骨干河道名录的重要河道 723 条。其中，流域性河道 33 条，区域性骨干河道 123 条，跨县重要河道 200 条，县域重要河道 367 条。

江苏境内大小湖泊星罗棋布，列入全省湖泊保护名录的重要湖泊 137 个。其中，太湖、洪泽湖分居全国五大淡水湖的第三、第四位。

二、堤防工程

堤防，是指在江、河、湖、海沿岸或水库区、分蓄洪区周边修建的土堤或防洪墙等。堤防工程，是堤防、堤防护岸和穿堤涵闸的总称。

1. 类型

按工程部位，堤防工程可分为江（河）堤、湖堤和海堤。

（1）江堤：长江干流江苏段穿越南京、镇江、扬州、常州、无锡、泰州、苏州、南通等 8 个省辖市，主江堤总长 866 km。

（2）河堤：如淮河、中运河、沂河、沭河等流域性河道，分布全省，发挥防洪、治涝、供水等功能。

（3）湖堤：如太湖、洪泽湖、骆马湖等省管湖泊，沿湖而建。

（4）海堤：其分布于江苏省东部沿海岸线，涉及连云港、盐城和南通 3 个省辖市，堤防总长度 774.5 km。

根据所用建筑材料，堤防工程可分为土堤、石堤、土石混合堤和混凝土防洪墙等，其中土堤最多，其结构简单，可实现就地取材建造。

2. 特点

堤防工程与水闸、泵站等工程相比，其主要特点为工程战线长，分布范围广。

（1）工程战线长。根据《江苏省第一次水利普查公报》（2011 年），全省现有 5 级及以上堤防 49 567 km，其中 1 级、2 级堤防总长 5 176 km，占比 10.44%。

江苏省 13 个设区市 1 级、2 级堤防情况统计见表 1-1。

表 1-1　江苏省 1 级、2 级堤防情况统计表　　单位：km

堤防等级	全省	南京	无锡	徐州	常州	苏州	南通	连云港	淮安	盐城	扬州	镇江	泰州	宿迁
1 级	1 259.1	100.63	61.89	72.4	0	0	12.79	158.02	384.12	180.54	82.1	0	0	206.6
2 级	3 916.88	464.35	130.35	371.93	106.52	383.69	590.79	199.44	209.02	596.93	330.61	233.4	169.24	130.63
合计	5 176	564.98	192.24	444.33	106.52	383.69	603.58	357.46	593.14	777.47	412.71	233.4	169.24	337.23

注：表中数据摘自《江苏省第一次水利普查公告》（2011 年）。

（2）分布范围广。江苏省堤防工程，分布于 13 个省辖市江、湖、河、海岸边，其中盐城市 5 级以上堤防总长度 9 745 km，苏州市 5 级以上堤防总长度 7 098 km，位列全省前 2 位。

三、堤防工程管理

堤防工程线长面广，位于江、河、湖、海岸边，易受到自然和人为活动的影响及损坏，其安全与否直接关系保护区内的人民生命财产安全和经济建设。通过技术、经济、行政、法律等手段对堤防进行科学有效管理，就是为了维护堤防工程完整，确保堤防工程安全，充分发挥堤防工程的防洪、排涝等功能。

（一）管理体制

江苏省堤防工程按照受益和影响范围的大小，实行统一管理和分级管理相结合、专业管理和群众管理相结合的办法进行管理。总体以属地管理为主，省级对流域性堤防给予养护维修经费补助。

2004 年水利工程管理体制改革以后，全省水利工程管理单位（以下简称水管单位）机构、编制调整优化，公益性人员基本支出经费和公益性工程维修养护经费（以下简称“两费”）逐步得到保障。

目前，江苏省境内堤防工程管理单位，分为水利部直管（新沂河、沭河堤防等）、省水利厅直管（洪泽湖大堤 34K＋900-67K＋250）、设区市水利（务）局直管、县（市、区）水利（务）局直管、乡镇管理等 5 种类型。

据统计，截至 2018 年底，全省堤防工程管理单位约 140 家，约占全省水利工程管理单位总数的 23.6％，主要负责流域性河道、湖泊堤防和海堤的管理。

（二）管理制度

为加强河道管理，保障防洪安全，发挥江河湖泊的综合效益，根据《中华人民共和国水法》，1988 年 6 月，国务院公布实施施行《中华人民共和国河道管理条例》。

根据国家有关法规，江苏省制定了《江苏省水利工程管理条例》（1986 年）、《江苏省防洪条例》（1999 年）、《江苏省湖泊保护条例》（2004 年）、《江苏省河道管理条例》（2017 年）等地方性法规，成为全省堤防工程管理的法规保障。此外江苏省水利厅还印发了《江苏省望虞河管理规定》（2000 年）、《江苏省淮河入海水道工程管理办法》（2005 年）、《江苏省泰州引江河管理办法》（2019 年）等规范性文件，用于加强重点河道的管理。

为加强河道和堤防的工程管理，维护工程完整，确保工程安全，水利部 1981 年颁布了《河道堤防工程管理通则》（SLJ 703—81）。2007 年，江苏省水利厅印发实施《江苏省堤防工程技术管理办法》（苏水管〔2007〕132 号），成为全省堤防工程管理技术的主要依据；发布实施《堤坝白蚁防治技术规程》（DB32/T 1361—2009）、《水利工程观测规程》（DB32/T 1713—2011），编制地方标准《堤防工程技术管理规程》，形成了堤防工程管理制度体系和技术标准体系，并持续开展技术培训；创建成功国家级、省级管理单位的水管单位，在职称评定时对其技术人员给予加分，对其堤防工程维修经费予以重点倾斜。

全省堤防工程管理单位依据法律法规、技术标准和规范性文件，编制堤防工程技术管理细则，逐步健全各项规章制度，保障堤防工程管理有序开展。各单位采取集中培训、外送培训、联合培训、运行管理现场培训及日常技术“传、帮、带”相结合等方式，加强对职工的教育和培养，不断提高职工的文化素质和技术能力水平。

（三）管理考核

1993 年起，江苏省水利厅首先在厅属管理处推行管理考核工作，制定了《省属水利工程管理单位“达标管理所”建设考核标准》，从管理单位精神文明建设、工程管理、财务管理、综合经营等四个方面制定了量化考核指标，促进了工程管理规范化和管理单位全面发展。

1994 年，水利部发布了《河道目标管理考评办法》（水管〔1994〕433 号），推进了全省河道堤防工程的规范化管理工作，江苏省常熟市长江河道管理处和无锡市滨湖区马圩太湖堤闸管理所分别通过了由水利部长江水利委员会和太湖管理局组织的“国家二级河道目标管理单位”的考评验收。

2003 年，水利部印发《水利工程管理考核办法》及其考核标准，江苏省随即全面推行水利工程管理考核，制定了《江苏省水利工程管理考核办法》及其考核标准，并不断修改完善。

以创建国家级、省级水管单位为抓手，开展年度水管单位自检与考核、省级水管单位定期复核和不定期飞检抽查，不断整改工程存在的问题与不足，不断完善工程设施、改善环境面貌、规范管理行为、提升人员素质，从而保障水利工程安全完好，充分发挥工程设计效益，提高现代化管理水平。

2004年5月，主要承担江堤管理任务的常熟市长江河道管理处，通过水利部组织的"国家一级水利工程管理单位"验收，成为长江流域及江苏省第一家取得该荣誉称号的水利工程管理单位。随后，苏州高新区堤闸管理所、太仓市堤闸管理处等堤防工程管理单位，也取得了国家级水管单位称号。同时，江苏省推行管理考核以来，不断有堤防工程管理单位取得江苏省一、二、三级水管单位称号，如江苏省洪泽湖堤防管理所、南京市滁河工程管理处、淮安市淮安区入海水道堤防管理所等单位，全省堤防工程管理规范化水平显著提升。

（四）运行督查

各级水行政主管部门始终把水利工程安全放在首要位置抓实抓好，树立"安全生产一失万无"的忧患意识，强化工程安全运行管理，加强日常检查、隐患排查整治，不断提高水利工程的安全冗余度，以较为完备和运行良好的水利工程体系为依托，保障防洪安全、供水安全和生态安全。

江苏省水利厅根据全省实际情况和有关规定，制定了《江苏省水利工程运行管理督查办法》，补充完善了督查内容，督查范围扩大到所有水利工程，突出大中型水利工程和流域性河道堤防为督查的重点。同时，江苏省水利厅还编制了《江苏省水利工程运行管理督查工作手册》，印发全省试行，明确了水利工程运行管理的各项标准和要求，进一步规范运行管理的各项工作。

除专项督查外，江苏省水利厅还多次组织多种形式的水利工程运行安全检查，对督查发现的问题进行通报。督查查出了工程运行管理的薄弱环节，对管理单位起到督导、辅导的作用，帮助所在地区提高运行管理水平。

（五）推行精细化管理

为顺应新时期水利工程管理要求，进一步规范管理行为，在强化依法管理、规范管理的基础上，江苏省水利厅积极推进管理创新，自2015年起首先在厅属管理处开展水利工程精细化管理试点，促进水利工程管理水平提档升级。2016年，江苏省水利厅印发《江苏省水利工程精细化管理指导意见》，首先在国家级水管单位和厅属管理处先行先试，2017年扩大到全省各地。2019年，江苏省水利厅印发《江苏省水利工程精细化管理评价办法》及评价标准，在全省水管单位全面推行精细化管理工作。

第二节　堤防工程精细化管理

精细化管理是一种管理理念和管理方法，通过规则的系统化和量化，使组织内部各单位精确、高效、协同和持续运行。水利工程精细化管理的本质意义在于它是一种对管理单位发展规划和目标任务进行分解、细化和落实的过程，是提升工作成效和整体执行能力的一个重要途径。

一、总体思路

全面提升堤防工程管理水平，积极服务经济社会发展大局，倡导精益求精的工作态度，弘扬追求卓越的“工匠精神”，把精细化管理作为堤防工程规范化管理的“升级版”、堤防工程安全运行的“总开关”和更高目标追求，切实转变工程管理传统思维模式，主动探索符合水利现代化要求的精细化管理模式。贯彻“精、准、细、严”的核心思想，推行系统化、标准化、流程化、信息化的基本方法，重点从管理任务、管理标准、管理制度、管理流程、管理评价、管理平台 6 个方面全方位系统推进，促进堤防工程管理由粗放到规范、由规范向精细、由传统经验管理向现代科学管理转变，构建更加科学高效的堤防工程管理体系，促进堤防工程管理水平提档升级。

二、工作目标

按照江苏水利工程管理现代化目标，推行堤防工程精细化管理，实现堤防工程管理制度更加完善、管理标准更加明确、过程控制更加规范、激励机制更加有效，建立健全与江苏水利现代化相适应的水利工程管理新模式，促进堤防工程管理水平显著提升、服务能力不断增强。

三、主要工作

（一）细化管理任务

针对本单位、本工程的具体情况，按照工程管理法律法规、规范规程和规章制度等相关要求，编制本单位管理任务清单。

逐步将管理任务清单落实到堤防管理单位相应管理岗位、全体人员。同时，完善管理岗位设置，明确岗位工作职责、工作标准及考核要求。

（二）明晰管理标准

按照水利工程管理法律法规、技术标准和相关规定要求，针对单位工程实际，制定工程检查与观测、养护与修理、安全管理、技术档案管理、水政及涉水项目管理、标志标牌管理等标准体系。

（三）健全管理制度

根据水利工程管理法规、规范性文件、技术标准，结合本单位、本工程实际及变化情况，制订并及时修订堤防工程技术管理细则，提高准确性、完整性和针对性，按程序报批。

制定管理人员技术岗位责任制、维修养护项目管理制度、防汛工作制度、观测工作制度、各类设备检修规程和操作规程、物资和器材使用管理制度等，以及各类设备操作规程，通过不断修订完善，提高适用性、可操作性，并汇编成册，印发单位全体职工执行。

（四）健全管理流程

按照管理任务，绘制相应的作业流程图，编制作业指导书，明确管理任务、管理标准、管理制度、管理流程等要求。

（五）强化考核评价

建立工作目标管理和个人绩效考核机制，落实奖惩激励措施，开展精细化管理工作评价。

（六）构建信息平台

借助信息技术开发堤防工程管理信息系统，将精细化管理相关要求结合到工程监控和管理信息化应用系统中，促进工程管理精细化落地生根。

以上 6 个方面管理，相互关联，形成了堤防工程精细化管理体系，成为堤防工程精细化管理的实现路径（见图 1-1）。

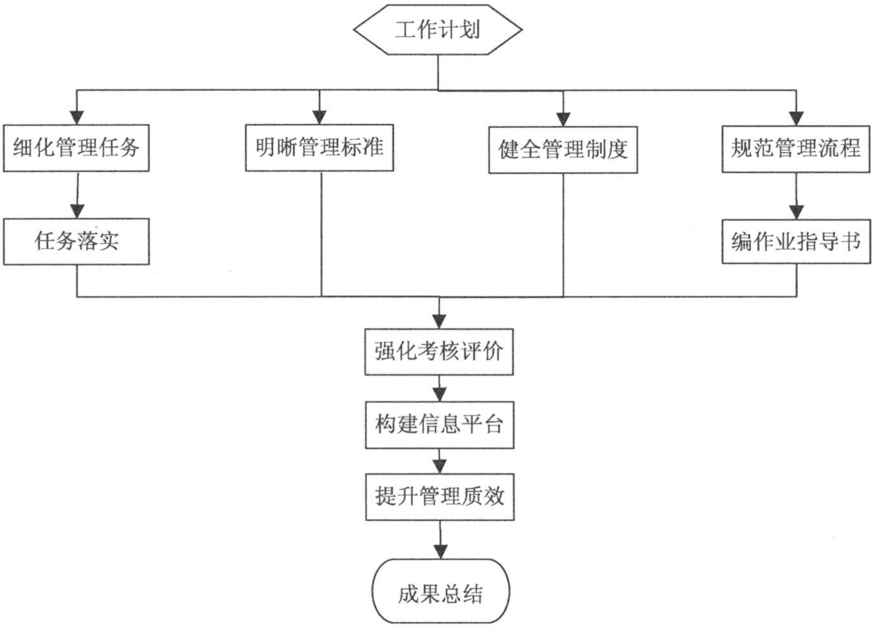

图 1-1　堤防工程精细化管理技术路径示意图

四、推进措施

（一）执行保障

精细化管理的工作基础是管理范围明确、人员和经费保障到位，参见图 1-2。管理单位应根据《江苏省水利工程管理精细化管理指导意见》要求，制定精细化管理实施计划和方案，

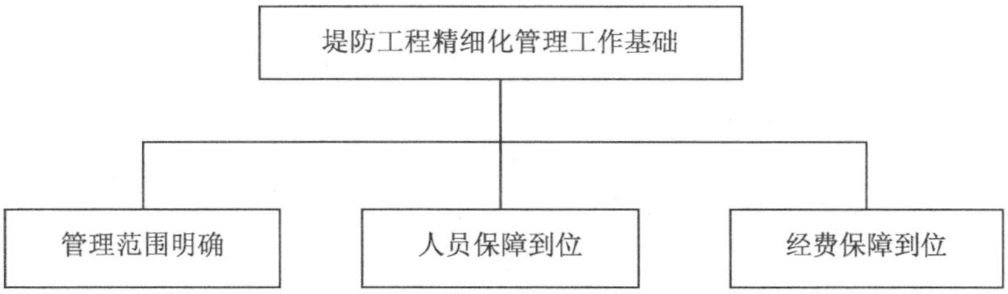

图 1-2 堤防工程精细化管理工作基础示意图

落实工作责任，加强宣传引导和管理队伍建设，加大经费保障力度，促进精细化管理工作有序推进。

（二）拓展延伸

管理单位要结合实施情况，加强对精细化管理工作的总结和实际成效的评估，注重学习借鉴其他单位的成功经验和做法。要不断拓展精细化管理内涵，延伸精细化管理范围，逐步实现全覆盖。

（三）永续渐进

精细化管理的理念、方法应长期贯穿于工作之中，形成常态化的工作机制，从易到难、由浅入深，总结完善，持续改进，不断提高精细化管理与业务工作的契合度，以精细化管理助推工程管理现代化、信息化。

第二章　管理任务

第一节　一般要求

一、管理任务梳理

（一）管理对象

堤防工程管理对象，包括堤防、堤岸防护工程、穿堤建筑物及附属管理设施，涵盖其管理范围和保护范围。

堤防工程的管理范围，一般包括以下工程和设施的建筑场地和管理用地：

（1）堤身、堤内外戗堤（堤顶、道路、堤坡、防洪墙等）、防渗导渗工程（养水盆、导渗沟、排水沟）及堤内外护堤地（防浪林台、青坎地）。

（2）穿堤、跨堤交叉建筑物：包括各类水闸、船闸、桥涵、泵站、鱼道、伐道、道口、码头等。

（3）附属工程设施：包括观测（水准点、工作基点、沉降标点、测压管、水位尺等）、交通、通信设施（电话、无线通信网络）、信息化系统（工程视频监视、安全监测、安保等）、测量控制标点、护堤哨所、界碑里程碑及其他维护管理设施。

（4）护岸控导工程：包括各类坝式（护坡、护脚）、坡式、墙式、其他形式（桩式、植物防护）的护岸，如丁坝、顺坝、坝垛、石矶等。

（5）管理单位生产、生活区建筑：包括办公用房屋（值班室、档案室等）、设备材料仓库、维修生产车间、砂石料堆场、职工住宅及其他生产生活福利设施。

（二）管理任务

依据水法规、规章制度和技术标准，堤防工程管理单位应对堤防、堤岸防护工程、穿堤建筑物及附属管理设施明确管理任务，以切实保障堤防管理与完整，充分发挥效益。

堤防工程管理任务按照工作性质，可分为检查与观测、养护与维修、安全管理、水政及涉水项目管理、标志标牌管理、技术档案管理等，参见图 2-1。

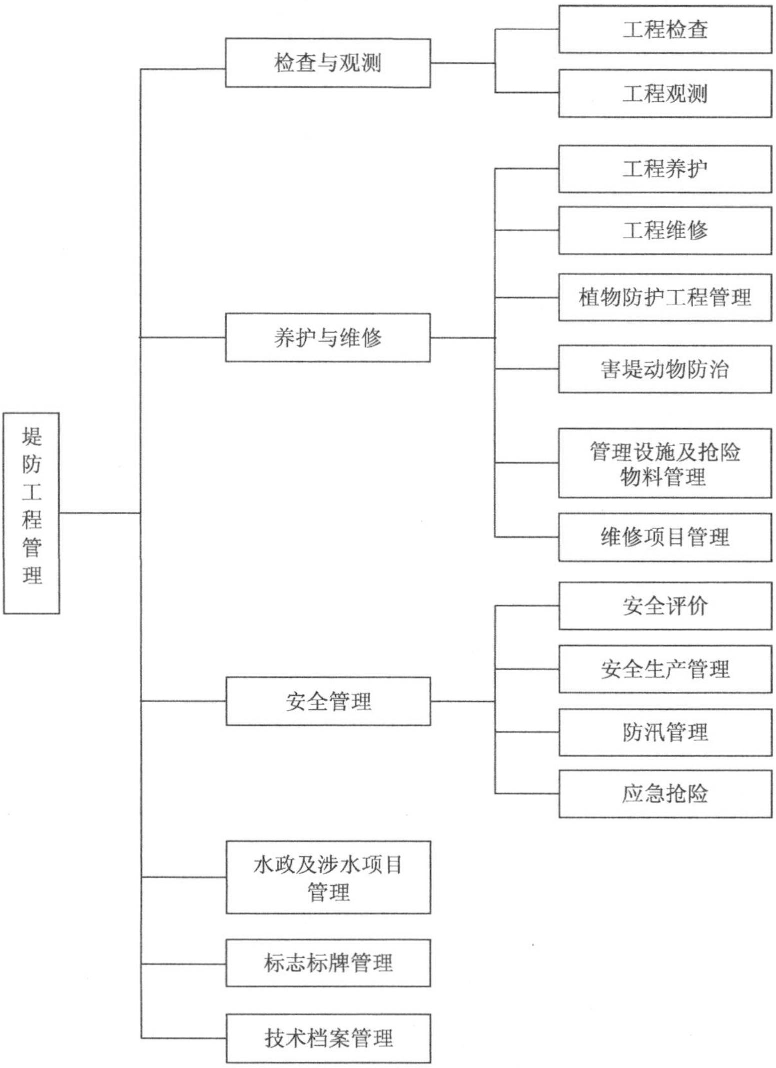

图 2-1　堤防工程管理任务图

二、任务清单编制

（一）编制原则

1. 依法依规

编制原则应依据《中华人民共和国水法》《江苏省水利工程管理条例》《江苏省河道管理条例》等水法律法规，《堤防工程养护修理规程》《江苏省堤防工程技术管理办法》等技术标准、规章制度，结合堤防工程实际，因地制宜地编制管理任务清单。

2. 简便实用

堤防工程管理任务清单，应目标、任务清晰，责任边界明确，便于实际操作。日常开展的工作，可适当整合，以提高工作效率。

（二）编制过程

堤防工程管理单位应成立工作专班，技术负责人牵头，组织单位技术人员，根据管理任务梳理情况和编制原则，编制本工程管理任务清单。

管理任务制订的细致程度对执行效果有着密切的关系，要将单项工作或任务按合理的逻辑结构，分解为若干个组成部分，每个部分又可分解成若干个更小的部分，直到不能再分或不必要再分为止。

三、任务落实

（一）制定工作计划

堤防工程管理单位要根据管理任务，制订分解年度工作计划，明确各阶段重点工作任务，对相对固定的工作任务按年、月、周、日等时间段进行细分，形成工作任务清单，明确工作项目、时间节点、主要内容、责任对象，内容应具体详细。

（二）责任落实到人

堤防工程管理单位要根据管理职责和工作任务，合理设置管理机构和岗位，并按标准配置人员，一般设管理岗、专业技术岗、工勤技能岗，具体岗位包括单位负责人、技术负责人、工程技术人员、水政人员、财务人员、安全员、档案员、堤防管理人员等。

每项工作要落实到岗位、人员。做到事事有人管、人人有事做、责任可追溯。同时，要求每一位责任人都要到位、尽职，工作要日清日结、跟踪检查，发现问题偏差及时纠正、及时处理，确保各项工作任务按计划落实到位。

第二节　任务清单

一、检查与观测

（一）工程检查

工程检查，是指堤防工程管理单位按规定的项目、内容、路线、频次，对堤防工程开展的现场检查工作，包括日常检查、定期检查、特别检查、专项检查。

堤防工程检查的范围包括工程管理范围和保护范围，采用的方法为外观检查和内部探查，应形成检查成果资料，按时存档，发现问题要及时处理，形成闭合的台账，重要问题要及时上报。具体任务清单见表 2-1。

表 2-1　堤防工程检查任务清单

<table>
<tr><th>序号</th><th>任务名称</th><th>分项任务</th><th>工作内容</th><th>时间及频次</th><th>责任岗位</th></tr>
<tr><td rowspan="2">1</td><td rowspan="2">日常检查</td><td>日常巡查</td><td>所管堤段外观检查，侧重于隐患堤段、上堤路段、危害堤防安全活动多发易发处等部位</td><td>每日 1 次</td><td>堤防管理人员</td></tr>
<tr><td>经常检查</td><td>堤身外观、堤身内部（洞穴、裂缝等）、护堤地及堤防工程保护范围、堤岸防护，穿堤、跨堤建筑物及其与堤防接合部，防渗及排水设施，堤防工程附属设施，防汛抢险设施及物料、植物防护工程</td><td>每月 1 次以上</td><td>单位负责人、技术人员</td></tr>
<tr><td rowspan="2">2</td><td rowspan="2">定期检查</td><td>汛前检查</td><td>日常检查内容，重点为堤身断面及堤顶高程、堤岸防护工程、穿堤建筑物等</td><td>每年 2 月至 3 月</td><td rowspan="2">单位负责人、技术人员</td></tr>
<tr><td>汛后检查</td><td>日常检查内容，重点为堤身、堤岸防护工程、观测设施等</td><td>每年 10 月底完成</td></tr>
<tr><td rowspan="2">3</td><td rowspan="2">特别检查</td><td>事前检查</td><td>检查各项准备工作、堤防工程存在的问题及可能出险的部位</td><td rowspan="2">发生大洪水、大暴雨、台风、地震等非正常运用情况和发生重大事故时</td><td rowspan="2">技术负责人、技术人员</td></tr>
<tr><td>事后检查</td><td>检查堤防工程及附属设施的损坏和防汛物料及设备动用情况</td></tr>
<tr><td>4</td><td>专项检查</td><td></td><td>对险工、险段及重要堤段进行堤身、堤基探测检查或护脚根石探测</td><td>适时</td><td>技术负责人、技术人员</td></tr>
</table>

注：1. 任务来源:《河道堤防工程管理通则》(SLJ 703—81)、《堤防工程养护修理规程》(SL 595—2013)、《江苏省堤防工程技术管理办法》。

2. 具体检查项目、内容、路线、频次等，由管理单位根据堤防工程实际，制定堤防技术管理细则（含检查方案），报主管部门审定后执行。

（二）工程观测

工程观测，是指堤防工程管理单位组织开展的仪器检定、现场观测、资料整编、成果分析等工作。

堤防工程观测项目包括沉降、浸润线、近岸河床冲淤变化等，堤防工程管理单位编制观测任务书，经上级水行政主管部门批复，按年度规定的观测方式、部位及频次开展，对成果资料进行分析，发现异常情况应及时分析原因并采取措施。观测及资料整编成果经主管部门审定且按年度汇编备查，具体任务见表 2-2。

表 2-2 工程观测任务清单

序号	任务名称	工作内容	时间及频次	责任岗位
1	垂直观测	水准测量、工作基点考证	堤防建成初期,应半年观测 1 次;基本稳定后,宜每年汛后观测 1 次;建成时间较长且已稳定的堤防,宜每 3 年观测 1 次。在地质和工程运行状况比较复杂的堤防应每月观测 1 次	技术人员
2	堤身浸润线观测	测压管水位观测	堤防达到设防水位后开始观测,超过警戒水位后,应每日观测 1 次。 新建堤防投入使用后,应每日观测 1 次;正常运行 3 个月以后,宜每周观测 1 次;正常运行 5 年以上,且堤防沉降和渗流分布均无异常情况下,可每半月观测 1 次。 行洪期间,根据需要定期观测,淤土堤防段应加强观测	技术人员
		测压管管口高程考证	每年 1 次	技术人员
		测压管灵敏度试验、管内淤积高程观测	逢 0、5 年	技术人员
		编制水位统计表、过程线	每年年中、年末	技术人员
3	近岸河床冲淤变化观测	河道近岸局部冲刷、凸岸淤积断面观测、绘制河道断面图	每年汛后观测 1 次,汛期根据情况需要观测	技术人员
4	观测成果分析汇编	组织整编,形成分析报告,报上级审定。成果按年度汇编成册	每年年中、年末	单位技术负责人、技术人员

注:1. 任务来源:《河道堤防工程管理通则》(SLJ 703—81)、《堤防工程管理设计规范》(SL 171—96)、《水利工程观测规程》(DB 32/T1713—2001)。
2. 管理单位编制观测任务书,经上级主管部门批准执行。
逢 0、5 年为观测大年,增加工作基点、测压管灵敏度试验、断面桩等高程考证任务。
3. 观测仪器定期检定,精度满足观测要求。

二、养护与维修

(一) 工程养护

堤防工程养护,是指对已建的堤防工程及其附属设施经常进行保养,及时处理局部、表面、轻微的缺陷,以保持工程完好、设备完整清洁、操作灵活,其包括工程日常维修中的零星修理、水土保持和材料消耗等。

堤防工程管理单位，应制订年度养护工作计划，明确养护项目、工作内容、工程量、进度安排、质量安全要求、经费预算及验收评价等方案，采用服务外包和自行实施相结合的方式，开展工程养护，形成养护工作记录，归入养护台账，具体见表 2-3。

表 2-3 堤防工程养护任务清单

序号	任务名称	工作内容	时间及频次	责任岗位
1	堤身工程养护	堤顶（含道路）、堤坡、护坡、防洪墙、挡浪墙、防渗及排水设施养护	根据养护计划确定	技术人员
2	护岸工程养护	坡式护岸、坝式护岸、墙式护岸、护脚、排水设施养护	根据养护计划确定	技术人员
3	穿、跨堤建筑物及其与堤防接合部养护	穿、跨堤建筑物，接合部位堤顶、堤坡养护	每年汛前汛后至少进行 1 次	技术人员

注：1. 任务来源：《河道堤防工程管理通则》（SLJ 703—81）、《堤防工程养护修理规程》（SL 595—2013）、《江苏省堤防工程技术管理办法》、《水利工程维修养护定额标准（试点）》。
2. 制订年度养护计划，具体养护频次由堤防工程管理单位根据实际情况确定，每年不少于 1 次。
3. 建立养护台账，包括养护记录。

（二）工程维修

堤防工程维修，是指对已建的堤防工程及其附属设施在运行、检查中发现的工程或设施设备遭受局部损坏后，通过简单的修理、较小的工程量或通过更换、改造局部设备和设施，恢复工程或设备功能和运行。

堤防工程管理单位应针对运行管理中发现的工程及设备问题，能处理的立即处理，限于经费、时间、技术等因素一时难以处理的，应编制维修方案，争取经费修理。

堤防工程修理任务清单，见表 2-4。

表 2-4 堤防工程维修任务清单

序号	任务名称	工作内容	时间及频次	责任岗位
1	堤身工程维修	堤顶（含道路）、堤坡、护坡、防洪墙、挡浪墙、防渗及排水设施修理、堤身裂缝处理	根据维修计划确定	技术人员
2	护岸工程维修	坡式护岸、坝式护岸、墙式护岸、护脚、排水设施修理	根据维修计划确定	技术人员
3	穿、跨堤建筑物及其与堤防接合部维修	穿、跨堤建筑物，接合部位堤顶、堤坡	根据维修计划确定	技术人员

注：任务来源：《河道堤防工程管理通则》（SLJ 703—81）、《堤防工程养护修理规程》（SL 595—2013）、《水利工程维修养护定额标准（试点）》。

（三）植物防护工程管理

植物堤防工程的管理，应因地制宜，坚持日常养护，保持设计的防护功能，同时保证防护林木不影响堤防工程运行管理和堤身安全。

植物防护工程养护修理任务清单，参见表 2-5。

表 2-5 植物防护工程管理任务清单

序号	任务名称	工作内容	时间及频次	责任岗位
1	草皮养护	清杂、补植或更新	根据养护计划确定	技术人员
2	林木养护	浇水、施肥、扶正、修枝、补植	根据养护计划确定	技术人员
3	病虫害防治	生物防治、化学防治、联防联治	病虫害爆发前	技术人员
4	防灾减灾	防火、防风、防雪	灾害发生前后	堤防管理人员
5	林木采伐	编制更新采伐计划，经批复后采伐	冬春季节	技术人员

注：任务来源：《河道堤防工程管理通则》(SLJ 703—81)、《堤防工程养护修理规程》(SL 595—2013)。

（四）害堤动物防治

害堤动物防治，应坚持“防治并重、因地制宜、综合治理、保证安全”的原则，包括对白蚁、狗獾、老鼠等的防治。

防治范围应包括堤防工程的管理范围、保护范围及害堤动物可能影响堤防工程安全的范围。

防治工作每年应编制年度防治计划，做好普查、防治和隐患处理。任务清单见表 2-6。

堤防工程害堤动物防治应保证堤防工程安全、不污染环境，做到防治并重、因地制宜、综合治理。

表 2-6 害堤动物防治和隐患处理任务清单

序号	任务名称	工作内容	时间及频次	责任岗位
1	动物隐患危害防治	獾、狐、鼠危害普查、防治	每年冬天和汛前进行	技术人员
2	白蚁防治	普查、预防	每年 4 至 6 月和 9 至 10 月高峰期每月检查不少于 1 次	技术人员
		灭杀	发现时	技术人员

注：1. 任务来源：《江苏省堤防技术管理办法》《堤坝白蚁防治技术规程》(DB32/T 1361—2009)。
2. 具体任务由堤防工程管理单位根据实际情况确定。

（五）管理设施及抢险物料管理

堤防工程附属管理设施及抢险物料，是堤防安全、发挥效益的重要保障，堤防工程管理单位应定期开展维护。

管理设施及抢险物料管理任务，见表 2-7。

表 2-7　管理设施及抢险物料管理任务清单

序号	任务名称	工作内容	时间及频次	责任岗位
1	观测设施管理	观测设施修复更新、校测	全年;损坏时维修	技术人员
2	机电设备管理	配电柜、柴油发电机、照明系统、电缆等养护、维修和电气预防性试验	全年;每年汛前试验	技术人员
3	计算机监控系统管理	监控系统回放检查、监控日志	每周	技术人员
		监控设施软件系统全面维护	每半年	
4	通信设施管理	防雷和接地保护维护	每年雨季前	技术人员
		检查维护	每周	
5	生产管理与生活设施管理	环境卫生、分区管理、绿化维护等	按养护计划	
6	防汛抢险设施及防汛物料管理	车辆、机械设备管理,防汛房屋、防汛物料仓储管理和现场管理	按养护计划	技术人员

注:任务来源:《堤防工程管理设计规范 》(SL 171—96)、《堤防工程养护修理规程》(SL 595—2013)、《江苏省堤防技术管理办法》。

(六)维修项目管理

维修项目管理,是指针对工程检查中发现的工程设备设施存在的缺陷和隐患,通过专项工程申报审批程序,经上级主管部门批准实施的专项工程管理。以项单位,内容包括项目计划编报、项目实施方案报批、采购管理、质量安全过程监管、结算审计、竣工验收、绩效评价等7个部分,任务清单见表2-8。

维修项目是确保堤防工程安全的重要保障,维修项目管理是堤防工程管理单位最重要的技术管理工作。维修项目管理的最终目标是:达到堤防工程原设计标准,经费按时支付完成,并通过主管部门组织的竣工验收、财务审计、绩效评价等工作。

表 2-8　维修项目管理任务清单

序号	任务名称	工作内容	时间及频次	责任岗位
1	项目计划编报	依据年度工程检查发现问题,结合单位发展需要,编制维修项目计划,按程序向财政、水利主管部门申报	每年10月底或适时	单位负责人、技术人员
2	项目实施方案报批	根据批复的经费和工程实际情况编制。项目实施方案及预算通过主管部门审查。采购方式通过审核认定	项目下达后	单位负责人、技术人员
3	采购管理	根据经费限额(或合并达到),采用公开招标或分散采购的形式。根据采购结果,签订项目施工(设备供货、技术服务)合同和安全生产协议书	项目实施前	技术人员

续表

序号	任务名称	工作内容	时间及频次	责任岗位
4	质量安全过程监管	将承包人作为第三方，开展全过程安全生产监管。 将质量作为第一要素，开展质量过程控制。 协调运行与施工矛盾，按时完成任务，及时收集技术资料	项目实施中	技术人员
5	结算审计	施工单位编制结算。 报请上级主管部门组织造价审计。 根据审计结果，按合同支付结算价款	项目完工后	技术人员、财务人员
6	竣工验收	堤防管理单位自验合格。 项目管理卡填写完整。 报请上级主管部门组织竣工验收	项目完工后	技术人员、单位负责人
7	绩效评价	堤防管理单位根据要求填写项目绩效评价报告。 接受财政部门组织的审计、评价	项目竣工后	技术、财务人员，单位负责人

注：1. 任务来源：《江苏省河道管理条例》《江苏省省级水利发展资金管理办法》《江苏省省级水利工程维修养护项目管理办法》。

2. 堤防管理单位谋划应从第一步到最后一步，全过程围绕最后一步工作开展工作。

三、安全管理

（一）安全评价

安全评价，是指堤防工程管理单位根据技术标准和堤防级别、类型、历史和保护区经济社会发展状况等，在隐患探测、工程检查、安全监测等工作基础上，适时组织开展的堤防安全等级评价，任务清单见表 2-9。

表 2-9　安全评价任务清单

序号	任务名称		工作内容	时间及频次	责任岗位
1	编制计划		编制堤防安全评价计划，报主管部门审定	根据堤防的级别、类型、历史和保护区经济社会发展状况，定期进行安全评价； 出现严重隐患的堤防应及时进行安全评价	技术负责人
2	实施鉴定	现状调查分析	基础资料收集、运行管理检查、工程质量评价		技术人员
		复核计算	防洪标准复核、渗流安全性复核、结构安全性复核		技术人员 技术人员
		综合评价	堤防工程安全综合评价		技术负责人
3	成果审定		报主管部门审查，形成安全评价报告书		单位负责人
4	成果应用		根据安全评价结论，开展除险加固、工程维修	鉴定后	单位负责人

注：任务来源：《堤防工程安全评价导则》(SL/Z 679—2015)。

堤防工程管理单位通过堤防工程安全评价，掌握堤防安全状况，为工程管理、防汛抗旱、加固改造等提供基础资料。

（二）安全生产管理

安全生产管理，按照“安全第一、预防为主、综合治理”的方针，贯彻执行安全生产法律法规、技术标准、规章制度，采取技术和管理措施，防范生产安全等级事故，保障安全生产和职工职业健康。

安全生产管理，是堤防工程管理单位最重要的管理任务，贯穿于堤防管理单位存续的每时每刻及开展的每一项工作任务中，其核心任务是建立有效的全员安全生产责任体系，构建安全风险管控和隐患排查治理双重预防机制，确保不发生等级生产安全事故。

安全生产管理，按照水利部及江苏省水利厅印发的水利工程管理单位安全生产标准化建设要求，分为目标职责、制度化管理、教育培训等 8 个方面，任务清单见表 2-10。

表 2-10　安全生产管理任务清单

序号	任务名称	工作内容	时间及频次	责任岗位
1	目标职责	目标管理	每年 1 月制订分解年度目标，全员签订安全责任状；每季度考核	单位负责人、安全员
		机构和职责	及时调整安全生产工作领导小组成员；每季度考核安全生产岗位职责履行情况	单位负责人、安全员
		全员参与	每年度考核安全生产履职情况；适时征求职工建议	单位负责人、安全员
		安全生产投入	每年 1 月制订年度安全生产投入计划	单位负责人、安全员
		安全文化建设	每年 1 月制订年度安全文化建设计划	单位负责人、安全员
		安全生产信息化建设	每月 25 日至月底，填报水利部安全生产信息系统报表	单位负责人、安全员
2	制度化管理	法规标准识别	每年至少 1 次	单位负责人、安全员
		规章制度	每年至少 1 次识别评估	安全员
		操作规程	每年至少 1 次识别评估	安全员
		文档管理	每年至少 1 次	安全员
3	教育培训	教育培训管理	每年制订培训计划	单位负责人、安全员
		人员教育培训	按计划执行，满足学时需求	安全员
4	现场管理	设施设备管理	按规定时间鉴定、检验	单位负责人
		作业行为	适时	作业人员、安全员
		职业健康	适时	作业人员、安全员
		警示标志	适时	安全员

续表

序号	任务名称	工作内容	时间及频次	责任岗位
5	安全风险管控及隐患排查治理	安全风险管理	每季度开展	单位负责人、安全员
		重大危险源辨识和管理	适时	
		隐患排查治理	每月	
		预测预警	适时	
6	应急管理	应急准备	每年	单位负责人、安全员
		应急处置	适时	
		应急评估	适时	
7	事故管理	事故报告	适时	单位负责人、安全员
		事故调查和处理	适时	
		事故档案管理	适时	
8	持续改进	绩效评定	每年底	单位负责人、安全员
		持续改进	全年	

注:1. 任务来源:《江苏省安全生产条例》《水利工程管理单位安全生产标准化评审标准(试行)》《安全生产事故隐患排查治理暂行规定》

2. 管理目标:不发生等级生产安全事故;达到水利安全生产标准化一级或二级单位标准。

(三)防汛管理

防汛管理,是指堤防工程管理单位针对已经出现或可能出现的大洪水,按照“安全第一、常备不懈、预防为主、全力抢险”的方针,采取的防汛组织、汛前准备、汛期管理等灾害防御工作,保障堤防安全度汛,充分发挥设计的功能。任务清单见表 2-11。

表 2-11　防汛管理任务清单

序号	任务名称	工作内容	时间及频次	责任岗位
1	防汛组织	建立防汛责任制和防汛办事机构; 落实管理单位水旱灾害防御专业队伍; 建立防汛信息沟通联络机制	每年 3 至 4 月	单位负责人、技术人员
2	汛前准备	开展汛前防汛检查; 编制防汛应急预案和险工险段抢险预案; 准备防汛各种基础资料、图表; 落实防汛通信措施; 汛前难以完成的除险加固、涉河建设项目等,编制安全度汛方案,报主管部门审核备案; 配备防汛器材、料物和抢险工具、设备; 按规定开展防汛仓库及物料管理	每年 3 至 4 月	单位负责人、技术人员

续表

序号	任务名称	工作内容	时间及频次		责任岗位
3	汛期管理	关注水雨情； 按规定巡堤查险，发现并报告险情	洪水漫滩、偎堤或达到警戒水位时，按防汛预案加密巡视检查	长江5至9月，淮河6至9月	单位负责人、技术人员
		防汛值班和领导带班防守制度	每日		

注：1. 任务来源：《江苏省防洪条例》《国家防总巡堤查险工作规定》《江苏省河道堤防防汛巡查办法(试行)》

2. 具体工作根据主管部门统一部署确定。

（四）应急抢险

应急抢险，是指发生危及河道、湖泊堤防工程安全的各种险情时，堤防工程管理单位应组织开展的抢险工作。

险情发生后，应准确判断险情类别、性质，应按"抢早抢小，就地取材"的原则制订抢险方案，并组织落实。任务清单见表2-12。

表2-12　应急抢险任务清单

序号	任务名称	工作内容	时间及频次	责任岗位
1	渗水抢险	按"临水截渗，背水导渗"的原则制订抢险方案，并组织落实	应急情况发生时	单位负责人
2	管涌(流土)抢险	按"导水抑沙"的原则制订抢险方案，并组织落实	应急情况发生时	单位负责人
3	漏洞抢险	按"临水截堵，背水滤导"的原则制订抢险方案，并组织落实	应急情况发生时	单位负责人
4	风浪冲刷抢险	按"削浪抗冲"的原则制订抢险方案，并组织落实	应急情况发生时	单位负责人
5	裂缝抢险	按"判明原因，先急后缓"的原则制订抢险方案，并组织落实	应急情况发生时	单位负责人
6	跌窝(陷)抢险	按"抓紧翻筑抢修、防止险情扩大"的原则制订抢险方案，并组织落实	应急情况发生时	单位负责人
7	穿堤建筑物及其与堤防接合部抢险	穿堤涵闸发生损坏时，及时关闭闸门，停止过水，有条件的应立即抢筑闸前围堰；发生渗水时，参照渗水抢险	应急情况发生时	单位负责人
8	防漫溢抢险	按"水涨堤高"原则，在堤顶修筑子堤	应急情况发生时	单位负责人
9	坍塌抢险	按"护脚固基、缓流挑流"的原则制订抢险方案，并组织落实	应急情况发生时	单位负责人
10	滑坡抢险	按"减载加阻"的原则制订抢险方案，并组织落实	应急情况发生时	单位负责人

注：1. 任务来源：《江苏省防洪条例》。

2. 具体工作根据险情所在地人民政府防汛指挥机构统一部署确定，堤防工程管理单位负责人全力以赴参与现场抢险工作。

四、水政及涉水项目管理

（一）水行政管理

堤防工程管理单位应明确水政监察人员，配备执法装备，提升执法能力，开展水法宣传、水政巡查，对发现的水事违法行为协助依法依规查处，维护水法规的权威和堤防管理范围良好的水事秩序。任务清单见表 2-13。

堤防工程战线长，面积多，管理难度大，是水事违法行为的高发区。因此，水行政管理是堤防工程管理单位最重要的基础工作。

表 2-13 水政管理任务清单

序号	任务名称	工作内容	时间及频次	责任岗位
1	水法规宣传	设立宣传标语、标牌； 按计划开展水法规宣传活动	全年，重点为每年 3 月	水政人员
2	水政巡查	确定巡查方案（路线、频次、内容），开展水政日常巡查，形成巡查记录、统计报表	每周巡查 2 次以上	水政人员
3	违法行为处置	发现违法行为，立即制止； 对不服从制止的违法行为，及时报告，并协助有执法权的水政队伍，开展立案、查处等工作	发生违法行为后	单位负责人、水政人员

注：1. 任务来源：《江苏省水利工程管理条例》《江苏省湖泊保护条例》《江苏省河道管理条例》《水行政处罚实施办法》。
2. 堤防工程管理范围内应无新增的违章建筑。

（二）涉水项目管理

涉水项目管理，即涉河建设项目管理，是指堤防工程管理单位对在堤防管理范围内新建、改（扩）建、拆除的跨堤、穿堤、临堤等涉河建设项目，按照行政许可的批复要求，以项为单位，开展的审批前提出建议、审批后过程监管、设立公示牌、参与验收、运行后监管等工作。任务清单见表 2-14。

新建、改（扩）建、拆除涉河建筑物，包括影响堤防工程运行安全的穿堤、跨堤、临堤的闸涵、泵站、渡槽、桥梁（栈道）、码头（亲水平台）、道路、渡口、隧道、管道、缆线、地下工程、公园等建筑物及设施。

堤防工程管理单位应与涉河建筑物管理单位，明确涉河建筑物所占用堤防工程和设施以及其影响到的堤防管理范围和保护范围的管理边界、管理内容、管理要求、管理主体及其管理责任，保证堤防工程安全和功能正常发挥。

堤防工程管理范围内实施涉河建设项目，经水行政主管部门行政许可后，堤防管理单位应对被许可人从事行政许可事项的活动进行监管，直至项目完成建设。监管内容包括：建设项目施工方案、建设项目范围检验等。监管方式包括：组织会议讨论审定；现场放样测量；查阅行政许可文件和资料;现场核查(实)行政许可项目的实施情况;处理有关群众的来信来访问题;对投诉、举报案件以及超许可范围的施工情况依法进行调查处理;法律、法规规定的其他监督方式。

表 2-14 涉水项目管理任务清单

序号	任务名称	工作内容	时间及频次	责任岗位
1	参与建设项目施工前工作	建设项目开工前,督促建设单位申报施工方案和补偿工程方案。 协助主管部门依据《行政许可决定书》,对建设方案和补偿工程方案进行审查	行政审批同意后	单位负责人、技术人员
2	办理占用手续	签订涉河建设项目管理协议,督促建设单位缴纳资源补偿费用。 堤防管理单位参与对施工范围的四至坐标进行现场放样测量。 项目建设方、施工方共同参加,签字确认	项目开工前	水政人员、技术人员
3	建设过程跟踪检查	建设项目现场设立监管责任公示牌。 督促施工单位保护堤防、堤岸防护工程及管理设施,不得乱占、乱排。 督促建设单位实施堤防防洪影响补偿工程。 安全度汛预案审查,确保工程进度和现场措施满足度汛要求。 纳入水政巡查范围,对违反水行政许可的,及时督促整改,必要时报告、协助立案查处	项目实施期间	水政人员
4	参与项目验收	督促建设单位清理堤防工程现场。 参与项目竣工验收。 收集项目验收资料归档	项目结束后	单位负责人、水政人员
5	项目运行后续管理	定期开展检查监测。 发现涉河建筑物可能危害堤防工程安全的问题,及时通知涉河建筑物管理单位进行处理,并跟踪监督	项目运行期间	单位负责人、水政人员

注:1. 任务来源:《江苏省河道管理条例》《河道管理范围内建设项目管理的有关规定》。
2. 项目行政许可阶段,堤防管理单位应跟进了解、掌握涉河建设项目规划、可研等方案相关信息,从防洪、管理等角度向主管部门提出书面建议。

五、标志标牌管理

堤防工程标志标牌管理,是指管理单位根据水法规、规章制度结合安全风险辨识情况,在堤防、堤岸防护工程、穿堤建筑物及附属设施的适当位置,设置必要的标志标牌。

管理任务包括,编制设置方案、制作安装、维护更新等,参见表 2-15。

表 2-15 标志标牌管理任务清单

序号	任务名称	工作内容	时间及频次	责任岗位
1	编制方案	确定或缺损后补充标识标牌内容、样式、数量、设置位置等	工程建成后、每年汛前	技术人员
2	制作安装	根据设置方案制作，安装在预定位置	适时	技术人员
3	维护更新	清洗、扶正、更新	每年汛前	技术人员

注：任务来源：《江苏省河道管理条例》、《堤防工程管理设计规范》(SL 171—96)、《江苏省堤防工程技术管理办法》。

六、技术档案管理

堤防管理单位应建立综合档案室，包括文书、科技、会计等 5 个类别，按照档案管理法规和规章的要求，规范开展档案管理工作，申请取得档案工作三星级以上单位，并持续改进。

档案管理，包括组档案收集整理、归档、保管、档案利用等 4 个方面，核心是完整收集、整理、管理堤防管理形成的技术资料。任务清单参见表 2-16。

表 2-16 技术档案管理任务清单

序号	任务名称	工作内容	时间及频次	责任岗位
1	档案收集	工程运行管理、维修养护、检查观测等纸质和音像资料收集整理	每月	技术人员、档案人员
2	档案归档	分类、编目、装订、归档等	每年 3 月前	档案人员、技术人员
3	档案保管	按档案管理制度执行； 配备防盗、防光、防潮等设施，做好温湿度记录	全年	档案人员
4	档案利用	档案数字化，一次编研、二次编研，成果展示	全年	档案人员

注：1. 任务来源：《江苏省档案管理条例》《水利档案工作规定》。
2. 创建档案管理三星级及以上级别单位是作为堤防精细化管理的基本要求。

第三章　管理标准

工程管理标准是指导和衡量工程管理的标尺，是执行管理任务的要求，建立统一明晰的工作标准、技术标准等是实行精细化管理的必然要求，是克服管理随意性、粗放式、无序化的有效手段。

堤防工程管理要符合现行相关行业标准、地方标准和有关管理规定。管理单位应根据上位标准和上级规范性文件，结合工程实际，编制适合本工程的管理细则，管理细则应针对工程检查观测、养护维修、安全管理、水政及涉水项目管理、标志标牌管理、档案管理等工作，形成系统、统一、细化、量化的标准体系，既要有衡量工程状态、管理结果的标准，也要有规范管理行为、管理过程的标准，针对性操作性强，以标准指导管理，以标准衡量管理，以标准规范管理，以标准化体现管理的严和细。同时，要根据管理条件的变化及时进行修订完善，实现持续改进的目标。

第一节　检查与观测

一、工程检查

（一）一般要求

（1）堤防工程检查范围包括堤防工程管理范围和保护范围。管理范围一般指划界确权的范围，保护范围为有关法律法规规定的范围，其一般大于管理范围。

（2）工程检查分为日常检查、定期检查、特别检查和专项检查。日常检查又分为日常巡查和经常检查。定期检查又分为汛前检查和汛后检查。安全检查、水政巡查等独立开展，不能替代工程检查。

（3）堤防工程检查中发现的一般问题，应及时处理；情况较严重的，应上报上级主管部门，对异常和损坏现象做详细记录（包括拍照和摄像），分析原因，研究处理方案。

（4）堤防工程检查一般由堤防工程管理单位组织实施，检查人员应相对固定，分工明确，各负其责。汛情紧张、水位较高或出现异常情况时应报请上级主管部门参加或主持。

（二）日常巡查

1. 日常巡查的频次

日常巡查的频次视汛情、险情、水位的不同而定。低水位期（指河湖水位较低，无汛情或汛情不紧张时期），日常巡查侧重隐患部位、上堤路段、危害活动易发处等部位的查看，每日不少于1次；高水位期（指河湖水位较高，达到警戒水位或其他规定的防汛水位、高水位，堤防有发生险情可能的时期），日常巡查侧重巡堤查险，每日1～3次，必要时增加巡查次数并组织夜晚巡查，险情部位专人定点监测。

日常巡查一般由管理单位负责，超警戒水位（或其他规定的防汛水位、高水位）时，地方政府组织人员参加。

2. 低水位期日常巡查内容

（1）工程设施有无险情、损坏等情况。

（2）防汛物料、限行装置、标识标牌等附属设施是否完好，林木有无倒伏、折枝、病虫害等现象。

（3）有无取土、打井、埋坟、放牧、破坏林木、倾倒垃圾等危害堤防安全的活动，堤顶道路有无打场、晒粮等现象。

（4）管理范围、保护范围有无其他异常情况。

3. 低水位期日常巡查基本要求

（1）一般2人1组，检查人员相对固定，职责明确。

（2）沿防汛道路、巡查道路步行或乘车巡查，注意观察工程、林木、人员活动等情况。

（3）发现工程异常情况要认真查看，发现有人员活动要仔细查看、询问。

（4）发现问题做好照相、摄像、定位工作，发现隐患及时报告。

（5）检查结束填写检查表，及时登记。

4. 高水位期日常巡查内容

（1）预报水位即将达到警戒水位（或其他规定的防汛水位、高水位）时，检查各项防汛准备工作是否完备，并组织技术人员对隐患堤段、部位突击检查一遍。

（2）高水位期，重点检查堤防背水坡有无滑坡、裂缝，坡脚及护堤地有无洇潮、渗水、管涌、流土，堤防迎水坡靠河着流部位有无冲刷、坍塌、裂缝，护岸控导工程有无损坏，原有渗水点水量有无变化等情况；对险情部位安排专人监测。

（3）高水消退后要对工程全面检查，检查内容参见“经常检查”。

5. 高水位期日常巡查基本要求

（1）高水位期，堤防管理单位应增加巡查人员，强化巡查组织，并联合地方政府做好巡堤查险工作。

（2）堤防管理单位对巡堤人员开展现场培训，培训内容包括安全要领、险情特征、巡查方法、工作纪律等。

（3）细化堤防检查分段，每个堤段按需设置1个或多个检查组，每组3～5人，每组人员相对固定，明确职责。

（4）明确检查路线、检查重点部位，制定路线图、任务表。一般采用往返检查方法，可先检查背水坡、堤脚，然后检查迎水坡、控导工程，再检查护堤地，对隐患、险情部位重点检查，有淤背和后戗的堤段，对淤背和后戗单独检查。

(5) 检查组人员一起成横排前进，背水侧检查时人员分头走平台、堤坡、堤脚等，观察堤坡有无裂缝、滑坡和渗水，以及堤脚附近有无洇潮、渗水、漏洞、管涌、流土等险情。迎水坡检查时人员分头分别走堤肩、堤坡、水边等，观察堤坡有无裂缝、塌陷、滑坡、冲刷、漩涡等险情，在风大流急、顺堤行洪或水位骤降时，要特别查看堤坡有无崩塌现象。护堤地检查时人员间距 10～20 m 并头前行，检查范围覆盖堤脚外 50～100 m，遇有水域时顺圩埂行走，重点检查地面有无洇潮、管涌、流土，以及水域有无冒水、翻沙等险情。

(6) 走水边人员应携带探水杆，借波浪起伏察看堤坡有无险情，注意观察水面有无漩涡、回流等异常现象，对异常部位用探水杆探摸水下堤坡有无坍塌、冲刷情况。其他人员要携带铁锹、镰刀等工具辅助探查。组长携带相机、通信设备、巡查终端等，收集资料，及时上传。

(7) 夜间检查应配备良好的照明设备。

(8) 检查人员发现异常应共同观察、分析，发现险情及时上报，并跟踪监测或实行专人定点监测，裂缝应专门观测，定期复测。

(9) 每段每日填写一张检查表，并及时登记，逐日汇总。

6. 巡堤查险注意事项

(1) 巡查人员均应穿好救生衣，携带口哨，分别携带铁锹、镰刀、探水杆等工具，必要时携带救生绳，巡查中保持呼应。

(2) 相邻 2 个堤段巡查组应向对方负责的堤段交叉检查不少于 50 m，避免漏查。

(3) 有条件的管理单位应开发巡查系统，巡查人员将巡查路径、发现问题及时上传，技术人员做好监督、统计、分析、报告工作。

(4) 为了便于巡堤查险，必要时应修剪或清除堤坡、堤脚、护堤地等处植被。

(5) 检查人员要服从指挥，严格执行检查制度和交接班制度。

(6) 汛情紧张期应特别重视“黎明时、吃饭换班时、黑夜时、狂风暴雨时”的巡堤查险。

（三）经常检查

1. 经常检查频次

经常检查是对堤防管理范围各部位的全面检查，每月不少于 1 次。经常检查由管理单位负责。

2. 堤身检查主要内容

(1) 堤身断面及堤顶高程是否符合设计标准。

(2) 堤顶是否坚实平整，堤肩线是否顺直；有无凹陷、裂缝、残缺，相邻两堤段之间有无错动，是否存在硬化堤顶与土堤或垫层脱离现象。

(3) 堤顶道路有无凹陷、起鼓、裂缝、积水等情况。

(4) 堤坡、戗台是否平顺，有无雨淋沟、滑坡、裂缝、塌坑、洞穴，有无杂物垃圾堆放，有无害堤动物洞穴和活动痕迹，有无渗水。排水沟是否完好、通畅，排水孔是否顺畅，渗漏水量有无异常。

(5) 堤脚有无隆起、下沉，有无冲刷、残缺、洞穴等。

(6) 混凝土有无溶蚀、侵蚀、冻害、裂缝、破损等。

(7) 砌石是否平整、完好、紧密，有无松动、塌陷、脱落、风化、架空等。

3. 护堤地和保护范围检查主要内容

背水堤坡及坡脚外有无管涌、流土、渗水、洇潮等现象，有无取土、打井、埋坟、放牧、破坏林木等活动。

4. 堤岸防护工程检查主要内容

(1) 坡式护岸坡面是否平整、完好，砌体有无松动、塌陷、脱落、架空、垫层淘刷等，护坡上有无杂草、杂树和杂物等；浆砌石或混凝土护坡变形缝和止水是否正常完好，坡面是否发生侵蚀剥落、裂缝或破碎老化，排水孔是否顺畅。

(2) 坝式护岸砌石护坡坡面是否平整、完好，有无松动、塌陷、脱落、架空等现象，砌石是否紧密；散抛块石护坡坡面有无浮石、塌陷；土心顶部是否平整、土石接合是否严紧，有无陷坑、脱缝、水沟、獾狐洞穴。

(3) 墙式护岸混凝土墙体护岸相邻段有无错动、变形缝开合和止水是否正常，墙顶、墙面有无裂缝、溶蚀，排水孔是否正常；浆砌石墙体变形缝内填料有无流失，坡面是否发生侵蚀剥落、裂缝或破碎、老化，排水孔是否顺畅。

(4) 护脚体表面有无凹陷、坍塌，护脚平台及坡面是否平顺，护脚有无冲动。

(5) 河势有无较大改变，滩岸有无坍塌。

5. 穿堤、跨堤建筑物及其与堤防接合部检查主要内容

(1) 穿堤建筑物与堤防的接合是否紧密，是否有渗水、裂缝、坍塌现象。

(2) 穿堤建筑物与土质堤防的接合部临水侧截水设施是否完好，背水侧反滤排水设施有无阻塞，穿堤建筑物变形缝有无错动、渗水、断裂。

(3) 跨堤建筑物支墩与堤防的接合部是否有不均匀沉陷、裂缝、空隙等。

(4) 上、下堤道路及其排水设施与堤防的接合部有无裂缝、沉陷、冲沟。

(5) 跨堤建筑物与堤顶之间的净空高度，能否满足堤顶交通、防汛抢险、管理维修等方面的要求。

(6) 所管穿跨堤建筑物有无损坏，按照有关规定对穿跨堤建筑物机电设备进行检查。

6. 防渗及排水设施检查主要内容

(1) 防渗设施保护层是否完整，渗漏水量和水质有无变化。

(2) 排水沟进口处有无孔洞暗沟、沟身有无沉陷、断裂、接头漏水、阻塞，出口有无冲坑悬空。

(3) 减压井井口工程是否完好，有无积水流入井内，减压井、排渗沟有无淤堵。

(4) 排水导渗体或滤体有无淤塞现象。

7. 堤防工程附属设施检查主要内容

(1) 各种观测设施是否完好，能否正常观测；观测设施的标志、盖锁、围栅或观测房有无丢失或损坏；观测设施及其周围有无动物巢穴。

(2) 堤顶交通道路所设置的安全、管理设施及路口所设置的安全标志是否完好；堤防通信设施是否完好可靠，配置是否符合要求。

(3) 堤防上的千米里程碑、百米桩、界牌、界标、警示牌、护路杆等是否有丢失或损坏；堤岸防护工程的标志牌和护栏有无损坏、丢失；堤防沿线的护堤房(防汛哨所)或管理房有无损坏。

8. 防汛抢险设施和物料检查主要内容

(1) 重点堤段是否按规定备有土料、砂石料、编织袋等防汛抢险物料。

(2) 重点堤段是否按规定备(配)有防汛抢险的照明设施、探测仪器和运载交通工具。

(3) 各种防汛抢险设施是否处于完好待用状态,防汛仓库是否完好。

9. 生物防护工程检查主要内容

(1) 防浪林带、护堤林带的树木有无老化、缺损、倒伏、断枝等现象,是否有人为破坏、病虫害及缺水现象。

(2) 草皮护坡有无缺损、干枯、老化或人畜破坏,是否有荆棘、灌木或高秆杂草。

10. 经常检查基本要求

(1) 将检查范围划分为若干段(格),检查人员分为若干组,每组人员一般不少于 2 人,人员相对固定,每组负责 1 个或多个段(格)的检查。

(2) 设定检查路线和检查顺序,确保管理范围内能得到全面检查。

(3) 每次检查 2 人同行,按照拟定的检查路线和检查内容开展。

(4) 发现问题做好照相、摄像、定位工作,发现隐患及时报告。

(5) 检查结束填写检查表,及时登记。

(6) 对护砌工程、防汛块石、道路等部位滋生的少量低矮木本植物应及时清除,若砌石或混凝土结构缝隙中滋生的木本植物较多较大,应记录位置和数量,提出处理建议。

(四) 定期检查

1. 定期检查频次

定期检查包括汛前检查和汛后检查,分别指汛前和汛后对堤防管理范围、保护范围开展的全面检查,每年 1 次,汛前检查一般 4 月上旬前完成,汛后检查一般 10 月底前完成,由管理单位负责。

2. 汛前检查内容

(1) “经常检查”的各项内容。

(2) 堤身断面及堤顶高程有无非正常变化。

(3) 河势变化情况。

(4) 历次检查发现问题的处理情况。

(5) 当穿堤建筑物的底部高程在堤防设计洪水位以下时,应检查涵闸防洪闸门或阀门能否在防洪要求的时限内关闭和正常挡水,必要时进洞检查。

3. 汛后检查内容

(1) “经常检查”的各项内容。

(2) 工程设施、附属设施等损坏情况,深入查清险情发生部位及周边坍塌、冲刷、裂缝、渗漏等变化。

(3) 防汛物料动用情况。

(4) 险情记录、洪水水印标记保管及施测情况。

(5) 必要时开展近岸河势变化监测、堤身隐患探测等工作。

4. 定期检查基本要求

(1) 汛前检查应拟定工作计划报上级主管部门备案。

(2) 汛前检查时，应同步做好工程养护维修，消除工程隐患，汛前不能处理的问题应有度汛应急预案；汛后检查发现问题，应制定维修计划并上报。

(3) 汛前检查、汛后检查均应填写检查记录表，编写工作报告并上报。

(4) 其他要求参照“经常检查”。

（五）特别检查内容

1. 特别检查的时间要求

特别检查指针对大暴雨、台风、大潮、极寒冰冻、地震或发生重大事故等非常情况的检查。大暴雨前后对堤防坡面和排水系统等检查1次，期间检查每天1～2次；台风前后对标志标牌、建筑物、构筑物等各检查1次；极寒冰冻前后对护岸控导工程、穿堤建筑物等各检查1次，期间开展日常检查；地震后对堤身、护岸控导工程等进行全面检查；重大事故后对事故堤段及周边进行详细检查。

特别检查一般由管理单位负责，专业性较强的可委托专业单位进行。

2. 针对大暴雨的检查内容

(1) 排水系统是否畅通，排水沟出口防冲设施是否完好。

(2) 堤顶、坡面有无不利堤防稳定的附加荷载等。

(3) 大雨期间重点巡查堤顶有无积水，堤坡有无冲刷、坍塌、滑坡，排水系统有无堵塞，排水沟出口处有无冲刷。

(4) 雨后重点检查堤身有无冲刷、坍塌、滑坡，排水沟有无冲刷，护堤地、滩地有无积水。

3. 针对台风的检查内容

(1) 台风来临前重点检查标志标牌、杆塔等是否稳定牢固，建筑物、构筑物上的附着物是否稳固，古树名木是否要修枝或加固。

(2) 台风过后主要检查标志标牌、建筑物、构筑物、树木的损坏情况。

4. 针对大潮的检查内容

(1) 大潮来临前重点检查堤防薄弱部位是否要采取应急防护措施，在建工程安全防护工作是否到位，有无物资、机械、船舶、人员等需要转移。

(2) 大潮期间重点检查侵蚀性海岸、薄弱堤段、迎风迎浪堤段有无破坏，是否需要紧急抢险。

(3) 大潮后对堤防、防冲设施损坏情况进行全面检查，检查潮位观测记录。

5. 针对极寒天气的检查内容

(1) 极寒天气来临前重点检查穿堤建筑物、护岸控导工程、柴油发电机组、机械、车辆等防冻措施是否落实，排水沟、导渗沟内是否有积水。

(2) 天气转暖后重点检查上述工程、设施、设备有无损坏。

6. 针对地震的检查内容

地震后对堤身、护岸控导工程、穿堤建筑物等进行全面检查。

7. 特别检查的基本要求

(1) 大暴雨、台风、极寒冰冻来临前，对检查发现的问题要及时处理，消除隐患，对一时不能处理的问题要有应急预案。期间发现问题应分析处理，防止工程损毁、安全事故等问题扩大。大暴雨、台风、极寒冰冻、地震后要及时检查，针对存在问题编制维修方案并上报。

（2）大暴雨、台风、极寒冰冻造成损失，以及地震、事故发生后，各项检查均应填写检查记录表，均应编写有关报告上报。

（3）大暴雨、台风、极寒冰冻、地震或重大事故等非常情况发生后应深入进行工程检查，必要时委托专业单位检查、检测。

（4）其他要求参照“经常检查”。

（六）专项检查内容

1. 专项检查的时间要求

专项检查指对历史险工段、隐患堤段（易发生渗漏、裂缝、下沉、坍塌、滑坡等险情的堤段）、近岸河床等部位进行的探测检查，适时开展。专项检查一般委托专业单位进行。

2. 检查内容

（1）堤身主要检查有无空洞、裂缝、松软层、块石、埽工等。

（2）堤基主要检查堤基地质构造、承压水、透水情况等。

（3）护脚主要检查有无坍塌、流失。

（4）河势主要检查摆动、冲淤情况。

（5）穿、跨堤建筑物主要检查其水平位移、垂直位移、结构安全等情况，建筑物与堤防接合部有无缝隙和不均匀沉降。

3. 专项检查要求

专项检查一般委托专业单位进行，有关扫描、钻探、观测、检测等工作按照有关标准进行。

二、工程观测

堤防工程管理单位应按照《水利工程观测规程》（DB 32/T 1713—2011）要求，监测堤防工程运行和安全状况，掌握工程状态变化，发现异常现象，分析原因，为采取处置措施提供依据。

（一）一般要求

（1）堤防工程观测项目分为一般性观测项目和专门性观测项目。一般性观测项目有垂直位移观测、堤身浸润线观测、近岸河势变化观测等，其他观测项目按照有关要求开展。

（2）堤防管理单位可根据工程级别、地形地质、水文气象条件、建成时间及管理运用要求等，选择必须的观测项目，编制工程观测任务书，报主管部门批准后执行。

（3）有观测任务的堤防工程，宜沿堤防建立相应的测量控制系统。测量控制系统的起测点和工作基点，应布置在堤防背水侧地基比较坚实、易于引测且不受堤防位移影响的地点。埋设的观测设备、设施，应安全可靠，经久耐用，并按要求编号，经常维护。

（4）堤防工程安全观测应有专门的设计，明确观测的方案、技术要求、投入的仪器设备等。

（5）观测工作应保持系统和连续，按照规定的项目测次和时间制订观测计划，做到“四随”（随观测、随记录、随计算、随校核）、“四无”（无缺测、无漏测、无不符合精度、无违时）、“四固定”(人员固定、设备固定、测次固定、时间固定),以提高观测精度和效率。

(6) 每次观测结束后,应及时对记录资料进行计算和整理,并对观测成果进行初步分析,如发现观测精度不符合要求,应立即重测。如发现异常情况应立即进行复测,查明原因并上报上级主管部门,同时加强监测,采取必要措施,必要时会同科研、设计、施工单位做专题研究。

(7) 每年初均应对上一年度观测资料进行整编,将整编成果报上级主管部门审查,对审查合格的资料整编成果应装订成册,归入技术档案。

(二) 垂直位移观测

(1) 观测断面应选在堤防地基条件较复杂、渗流位势变化异常、有潜在滑移危险的堤段,观测点可布设在堤顶、堤坡、平台、堤脚等处,应埋设坚固,有防止附加荷载作用和人为破坏措施。

(2) 宜采用三等水准观测。

(3) 堤防建成初期,宜半年观测 1 次;基本稳定后,宜每年汛后观测 1 次;在地质和工程运行情况较复杂的堤段应根据需要增加测次。

(三) 堤身浸润线观测

(1) 堤身浸润线观测常通过在堤身断面埋设测压管或渗压计来完成,在同一时段观测到的水位基本反映了堤身浸润线高低。对于非黏性土堤防,若水位变化缓慢,堤身浸润线的变化基本反映了堤身内部渗流状态变化情况,可供分析堤防防渗、导渗处理的效果和相关设施的工作性能,用以进一步判断堤防稳定状况,指导工程正确运用和维修。

(2) 堤防浸润线观测断面宜选在堤防特征断面、合龙段、地形或地质条件复杂地段,一般每种断面堤段宜有 1 个以上浸润线观测断面。

(3) 一般新建堤防投入使用后,每日观测 1 次;正常运行 3 个月以后,可以每周观测 1 次;正常运行 5 年以上,且堤防沉降和渗流分布均无异常情况下,可每半月观测 1 次;地基及堤身土质复杂的堤防宜适当增加测次。观测堤身浸润线水位时,必须同步观测堤防迎水坡和背水坡两侧地表水水位。行洪期间、高水位期间应适当增加测次。

(4) 测压管水位,2 次测读误差应不大于 2 cm。电测水位计的测绳长度标记,应每隔 1～3 个月用钢尺校正 1 次。测压管的管口高程,在施工期和初运行期应每隔 1～3 个月校测 1 次;在运行期至少应每年校测 1 次。

(四) 近岸河床冲淤变化观测

(1) 每年汛后观测 1 次,汛期发现冲刷,需要时开展观测。

(2) 局部冲刷观测,应准确测定冲坑位置、深度、形态及范围;观测断面间距一般可取 25～50 m,测点间距一般可取 3～10 m,在地形陡变部位,断面和测点应适当加密;最终成果应能提交冲刷坑地形图、冲刷对照图表及有关分析意见。

(3) 河道凸岸淤积观测,应准确测定淤积位置、高程、范围及淤积量,必要时对淤积物取样分析;测点和断面的间距可为 10～20 m;最终成果应能提交淤积地形图、淤积对照图表及有关分析意见。

第二节 养护与维修

堤防工程养护与维修应遵循“经常养护、及时维修、养修并重”的原则，通过养护维修，对检查发现的问题及时处理，养护维修标准不低于原设计标准，积极推广应用新技术、新材料、新工艺及新设备，推进机械化、信息化，提高社会化、专业化水平。堤防工程养护与维修包括堤身工程、控导工程、穿堤建筑物、植物防护、设施设备等工程和附属设施的养护维修。标准主要参照《堤防工程养护修理规程》(SL 595—2013)、《土石坝养护修理规程》(SL 210—2015)、《堤坝白蚁防治技术规程》(DB 32/T 1361—2009)、《堤防工程技术管理规程》编写。

一、工程养护

(一) 堤身养护

1. 堤顶堤坡养护

(1) 堤身、戗台保持设计或竣工验收的尺度。

(2) 堤身无裂缝、冲沟、洞穴，无杂物垃圾堆放。

(3) 堤顶饱满平坦，无明显凹陷、起伏，平均每 5 m 长堤段纵向高差不大于 0.1 m，横坡坡度宜为 1%～1.5%，堤肩线直、弧圆。

(4) 堤顶道路完整、平坦，无坑洼、破坏，路基无坍塌，雨后无积水，满足抢险通车要求。

(5) 堤坡坡面平顺，无雨淋沟、陡坎、洞穴、陷坑等，戗台(平台)台面平整，堤脚线连续、平顺。

(6) 排水设施完好，无损坏、堵塞。

(7) 土质堤肩、坡面应植草防护，草皮覆盖率不低于 95%。

(8) 上堤道路顺直平整，与堤肩顺接，禁止削堤筑路。

(9) 未硬化的堤顶，雨后及时排除积水，坑洼处补土垫平、夯实，复堤筑路所用土料应符合筑堤要求，泥泞期间禁止车辆通行。旱季对堤顶洒水养护，定期修剪、补植草皮。

(10) 硬化的堤顶道路，雨后及时排除积水，损坏及时修补或采取保护措施，泥结石路面应适时补充磨耗层和洒水养护，水泥混凝土路面养护参照《公路水泥混凝土路面养护技术规范》(JTJ 073.1—2001)执行，沥青混凝土路面养护参照《公路沥青路面养护技术规范》(JTJ 073.2—2001)执行。

2. 护坡养护

(1) 护坡应完好、平顺，无松动、塌陷、脱落、架空、风化等现象，无杂物。

(2) 护坡缝隙中杂草杂树应及时清除，应结合经常检查随发现随清除，难以即时清除的做好记录，管理单位及时组织清除。

(3) 散抛块石护坡坡面应无明显起伏、凹凸，出现塌陷、下沉，应补充块石并嵌实。

(4) 干砌石护坡应嵌砌紧密，无浮石，出现损坏应及时整修，更换风化或破碎块石，护坡局部塌陷或垫层淘刷，应先翻出块石，恢复土体和垫层，再将块石嵌砌紧密。

(5) 浆砌石护坡、混凝土护坡无断裂，变形缝内填料完好，排水孔无堵塞。变形缝内填料流失应及时填补，填补前将缝内杂物清除干净；浆砌石的灰缝脱落应及时修补，修补时将缝口剔清刷净，修补后洒水养护；护坡局部发生侵蚀剥落或破碎时，可采用水泥砂浆进行抹补；破坏面较大或垫层淘刷、砌体架空时，应填塞石料进行临时处理，待岁修时彻底整修；排水孔堵塞应及时疏通；护坡裂缝应加强观测，判别裂缝成因，跟进处理。

(6) 混凝土网格护坡无坍塌、脱落、架空，草皮修剪整齐。出现破损时，采用水泥砂浆抹补，并填平混凝土网格与土基接合部；及时对网格内草皮进行补植、修剪，适时浇水。

(7) 模袋混凝土护坡无滑移、裂缝，底部无悬空。出现裂缝，应查明原因，针对性采取措施；底部淘刷严重出现悬空，可在低水位时填筑混凝土、修筑底埂；若发生整体滑移，应采取加固改造措施。

(8) 水泥护坡无破碎，面层无剥蚀，伸缩缝填料完好，排水孔无堵塞。出现局部面层剥落，可将表层松软部位凿除，冲洗干净，用符合强度等级要求的水泥砂浆修补；因沉陷、淘空引起面层破碎时，应拆除面层，修复土体、铺设垫层、用混凝土修复，并按要求做好新旧护坡衔接，修复伸缩缝和排水孔；局部面层出现裂缝或破损时，宜采用水泥砂浆抹补；裂缝较宽或伸缩缝止水遭破坏时，可采用灌浆或凿槽嵌补水泥砂浆的方法维修。

(9) 铰链式混凝土砌块护坡出现下沉应局部拆除，补充垫层后恢复砌块。

3. 防洪墙及防浪墙养护

(1) 防洪墙、防浪墙高程达到设计标准，无倾斜、破损、裂缝、风化等现象，变形缝内填料完好。

(2) 墙已发生裂缝但已停止发展，可将缝隙凿毛，清除碎渣和杂物，用水泥砂浆修补，也可用环氧树脂黏合。

(3) 变形缝内填料流失应及时填补，填补前将缝内杂物清除干净；浆砌石防浪墙勾缝脱落应及时修补。

(4) 钢筋混凝土防洪墙(堤)、防浪墙表面发生风化剥落的，应将风化表层凿除，采用涂层防护或用水泥砂浆等材料进行表面修补。

(5) 防洪墙(堤)附近地面出现水沟、坑洼的应及时填平。

4. 防渗设施及护堤地养护

(1) 防渗设施保护层完好，防渗体无断裂、损坏、裂缝，保护层损坏应及时修补，防渗体断裂、损坏、失效部分应及时更换。

(2) 排水设施完好，排水沟内无淤泥、杂物及冰塞，排水畅通，减压井能正常发挥排水减压作用，井口高于地面，井盖完好。排水设施进口处出现孔洞暗沟、出口处出现冲坑悬空时应及时处理；清除排水沟内的淤泥、杂物及冰塞；减压井井盖损坏应修复或更换，保持周边排水畅通，防止积水流入井内。

(3) 护堤地边界明确，地面平整，排水畅通，无杂物。界埂或界沟完整、顺直，界沟无阻塞，巡查便道畅通。护堤地宜种植护堤林带。滩地、防浪林台无杂物堆放，排水系统完好畅通，入河(湖)口无冲刷、坍塌。防浪林完整，消浪效果好。

(二) 控导工程养护

1. 一般要求

(1) 控导工程是控导主流、稳定河势、护滩保堤的河道治导工程，包括丁坝、顺坝、垛、护岸等形式。控导工程应稳定、完整，表面无塌陷、变形及砌块松动等缺陷，无杂物、杂树、散乱块体，砌块无风化。

（2）应及时处理护岸控导工程表面的凹坑、洞穴、变形、雨淋沟及局部砌块松动或脱落等缺陷，恢复工程设计标准，所用材料符合原设计要求并严格控制工程质量。

（3）工程养护应做到封顶严密、整齐美观，土、石接合部无脱缝等现象。

（4）及时清除排水沟（管）内淤泥、杂物及冰塞，疏通排水孔，每年汛前、汛后应全面清理1次，清理时要防止损坏反滤设施；排水沟（管）局部若有裂缝、损坏，要及时处理。

2. 坝式护岸养护

（1）坝顶、坡面平整，土石结合紧密，坝顶排水畅通，坝坡无洼坑、雨淋沟、洞穴等，土质坡面宜植草防护。

（2）暴雨时应冒雨巡查，疏通排水出路。发现较大雨淋沟，应在进水口周围修筑土埂，分段排水，雨后再处理雨淋沟；土心上的洼坑和雨淋沟，应及时填补。

（3）经常修整坝面，清除土心上的荆棘、杂草及其他杂物。

3. 墙式护岸养护

（1）护岸无倾斜、开裂，变形缝填料完好，混凝土无剥蚀。

（2）清除护岸表面的草、树和杂物，保持护岸整洁。

（3）变形缝内流失的填料应及时填补，填补前将缝内杂物清洗干净。

（4）混凝土护岸表面发生局部、轻微的侵蚀剥落或破碎时，应采用涂层防护或用水泥砂浆等材料进行表面修补。

（5）浆砌石护岸表面发生局部侵蚀剥落或破碎时，应采用水泥砂浆进行表面抹补、填塞或喷浆。

4. 护脚养护

（1）散抛石护脚平台平整，坡面平顺，无明显塌陷。石笼、柴枕、沉排、土工织物枕、模袋混凝土块体、混凝土或钢筋混凝土块体、空心四面体等型式护脚，无明显下沉、坍塌。

（2）护脚石在风浪、水流作用下出现明显塌陷后，应及时补抛块石，汛前、汛后应视情况补抛块石、排整护脚石。

（3）石笼、混凝土块体等其他型式的护脚，应根据其材料性质，采取相应养护措施。

（三）穿跨堤建筑物与堤防接合部养护

1. 穿跨堤建筑物的养护

（1）穿堤跨堤建筑物应稳定、坚固，状态良好。

（2）穿堤跨堤建筑物的养护执行其相关标准。

（3）穿堤跨堤建筑物的养护维修，其工程施工若涉及防汛及堤防工程，应将施工方案报堤防管理单位审查。

2. 与堤防接合部的养护

（1）穿堤跨堤建筑物与堤防接合部应坚实紧密，无开裂、下沉、渗漏。接合部临水侧截水措施可靠，背水侧反滤、排水设施应完好。

（2）堤防与穿（跨）堤建筑物接合部出现异常时，应深入检查、探查，查明原因，采取有效措施整改。

（3）堤防与穿（跨）堤建筑物接合部的养护应以防汛安全为前提，兼顾各穿（跨）堤建筑物自身的功能。

(4) 底部高程在堤防设计洪水位以下的穿堤建筑物，应加强接合部临水侧截水设施和背水侧反滤、排水设施的养护，如有损坏应及时修复。

(5) 底部高程高于堤防设计洪水位的穿堤建筑物，其与堤防的接合部和堤顶、堤坡应同时进行养护，保持坚实紧密。

(6) 码头、港口的上下堤道路和排水设施，以及与堤防的接合部，应由码头、港口管理单位按照堤防工程管理单位的规定进行养护。

(7) 桥梁、渡槽、管道等跨堤建筑物布置在堤身背水坡的支墩与堤防接合部发现有沉降、裂缝时，应立即通知有关单位对其维修；发现渗水情况应查明原因，采取合适的渗流控制措施。

二、工程维修

(一) 一般要求

(1) 堤防工程局部出现破坏、隐患、老化、功能弱化等情况应及时维修，尽快恢复工程设计功能或略有改善。

(2) 重要维修项目的勘测、设计、施工应选择具有相应资质的单位，必要时应选择有相应资质的监理单位对工程建设进行监理。

(3) 堤防工程维修项目的勘测、设计、施工、验收等工作，应执行国家、行业、地方有关标准和行业管理有关规范性文件。

(4) 工程维修应推广应用新技术、新材料、新工艺。

(5) 3 级及以上堤防堤顶应进行硬化处理，新建或改扩建的防汛道路宜采用沥青混凝土结构。

(二) 堤身维修

1. 堤顶维修

(1) 土质堤肩发生损坏，宜采用含水量适宜的黏性土，按原标准进行修复。

(2) 土质的堤顶面层结构严重受损，应刨毛、洒水、补土、刮平、压实，按原设计标准修复，堤顶高程不足，应按原高程复土，所用土料宜与原土料相同。

(3) 硬化堤顶损坏，应按原结构与相应的施工方法修复。

(4) 硬化堤顶的土质堤防，因堤身沉陷使硬化堤顶与堤身脱离的，可拆除硬化顶面，用黏性土或石渣补平、夯实，然后用相同材料对硬化顶面进行修复。

(5) 堤顶陷坑的维修，宜采用翻筑回填的方法：翻出陷坑内的松土，分层填土夯实，恢复堤防原状；采用防渗性能不小于原设计堤身土的土料回填。

(6) 堤顶道路有明显凹陷、波状起伏等损坏严重路段的，应按原设计标准修复。道路路缘石断裂、沉陷、缺损的应及时修复，路肩土和草皮缺失的应及时修补种植。

2. 堤坡维修

(1) 土质堤坡出现大雨淋沟或损坏的，应按开挖、分层回填夯实的顺序维修，所用土料宜与原筑堤土料相同，并在修复的坡面补植草皮。

(2) 浅层(局部)滑坡,应采用全部挖除滑动体后重新填筑的方法处理:将滑坡体上部未滑动的边坡削至稳定的坡度;挖除滑动体从上边缘开始,逐级开挖,每级高度 0.2 m,沿滑动面挖成锯齿形,每一级深度上应一次挖到位;挖除范围宜从滑坡边线四周向外展宽 1～2 m;重新填筑的堤坡应达到重新设计的稳定边坡;滑坡处理的过程中,应注意原堤身稳定和挡水安全。

(3) 深层圆弧滑坡,应采用挖除主滑体并重新填筑压实的方法处理;重新填筑的堤坡应达到重新设计的稳定边坡,堤坡稳定计算应符合《堤防工程设计规范》(GB 50286—2013)的相关规定。

(4) 堤坡陷坑的维修,宜采用翻筑回填的方法:翻出陷坑内的松土,分层填土夯实,恢复堤防原状;临水坡的陷坑宜用防渗性能不小于原设计堤身土的土料回填,背水坡的陷坑宜用透水性能不小于原设计堤身土的土料回填。

3. 护坡维修

(1) 残缺或损坏的散抛石、干砌石、浆砌石、混凝土等护坡应及时修复,并符合原设计要求。

(2) 散抛石护坡维修应符合下列要求:

——局部护坡下滑脱落,可按设计坡度挂线,将线上残留石料补抛至下滑部位的底部,再将下滑部位上部(顶部)缺石处用新石补齐,整好坡面,修好封顶。

——土体被雨水冲刷或水流淘刷,造成护坡沉陷时,应将石料及垫层拆除,修复土体后重新铺设垫层,恢复坡面。

(3) 砌石护坡维修应符合下列要求:

——干砌石、浆砌石护坡出现局部松动时,应拆除松动块石,重新砌筑,达到坡面平顺、砌石紧密要求。

——砌石护坡出现局部塌陷、隆起时,应将损坏部位拆除,拆除范围超出损坏区 0.5～1.0 m,保持好未损坏部分的砌体,清除反滤垫层,修复土体,按原设计恢复护坡。

——砌石护坡块石尺寸偏小、厚度不足、强度不够时,宜按设计要求翻修;不具备翻修条件的可在原砌体上部浇筑混凝土盖面。

——垫层松动,滤料流失或原垫层厚度不足的,应按设计要求翻修填补。

——浆砌石护坡的排水孔阻塞的,应疏通。

——护坡因土体的填筑质量差,产生过大的不均匀沉陷,或因土体的土料含水量大,冬季冻胀引起破坏的,应先处理土体,然后按设计要求翻修护坡。

——护坡因施工质量差而损坏的,应重新砌筑;护坡因出现石质风化而强度降低的,应更换成合格石料,按原设计要求修复。

(4) 混凝土护坡维修应符合下列要求:

——现浇混凝土护坡发生剥蚀损坏,出现局部破碎的,可将表层松散部位凿掉并冲洗干净,用较高强度等级的水泥砂浆填补。

——预制混凝土块护坡严重损坏的,应拆除维修。

——混凝土护坡发生沉陷和淘空的,应将其拆除,修复土体、铺设垫层、浇筑面层混凝土或重砌混凝土预制块,其施工应与原有结构型式、标准、质量要求一致。

(5) 护坡维修所用材料应符合下列要求:

——选用质地坚硬、不易风化的石料,石料几何尺寸符合原设计要求。

——拌制混凝土和水泥砂浆的水泥、骨料、水、外加剂的质量,应符合《水工混凝土施工规范》(SL 677—2014)的规定。

——浆砌材料中水泥的强度等级应不低于 32.5;砂料宜选用质地坚硬、清洁、级配良好的天然砂或人工砂;天然砂中含泥量应低于 5%,人工砂中石粉含量应低于 12%。

——垫层宜选用具有良好抗冻性、耐风化、水稳定性好和含泥量小于 5%的砂石料,其粒径、级配应符合设计要求。采用土工织物做垫层,应根据被保护土的级配选用土工织物,其保土性、透水性及防堵性能等均应符合《土工合成材料应用技术规范》(GB/T 50290—2014)的要求。

(6) 铺设砂石料垫层时,其材料和铺设厚度均应符合设计要求。

(7) 石料砌筑应符合下列要求:

——不宜用有尖角或薄边的石料,砌筑前宜将石料进行试安放和修凿。

——应错缝竖砌、密实稳固、表面平整,不应架空、叠砌。

——浆砌石应先座浆,后砌石;水泥砂浆强度等级应不低于 M10,砌缝内砂浆应饱满,缝口应用比砌体砂浆高一级的砂浆勾缝;修补的砌体应洒水养护。

(6) 浇筑混凝土盖面应符合下列要求:

——护坡表面及缝隙应清洗干净。

——混凝土盖面厚度根据风浪大小、堤防坡度及分块尺寸等因素确定,厚度不宜小于 5 cm。

——混凝土强度等级应在 C15 以上,沿海地区在制备混凝土时,应考虑抗腐蚀性要求。

——盖面混凝土应自下而上浇筑,并按设计要求分缝。

——护坡垫层遭破坏时,应补做垫层,修复护坡,再加盖混凝土。

4. 防洪墙、挡浪墙维修

(1) 钢筋混凝土、混凝土或浆砌石防洪墙(堤)、挡浪墙表面发生局部侵蚀剥落或破碎时,宜采用水泥砂浆等材料进行表面抹补、填塞或喷浆。

(2) 混凝土防洪墙(堤)、挡浪墙出现裂缝时,应首先进行裂缝调查并加强检查观测,查明裂缝性质、成因及其危害程度;混凝土表面的微细裂缝、浅层裂缝及缝宽小于表 3-1 所列最大裂缝宽度允许值时,可不予处理或采用涂料封闭。缝宽大于规定时,可采用下列措施进行修补:

——喷涂法,适用于裂缝宽度小于 0.3 mm 的表层裂缝修补。

——粘贴法,适用于裂缝宽度大于 0.3 mm 的活缝修补。

——充填法,适用于裂缝宽度大于 0.3 mm 的表层裂缝修补。

——灌浆法,适用于深层裂缝和贯穿裂缝修补。

——裂缝修补的具体技术要求应符合《混凝土坝养护修理规程》(SL 230-2015)第 5.4 节的规定。

表 3-1　钢筋混凝土结构最大裂缝宽度允许值　　单位:mm

区域	部位			
	水上区	水位变动区		水下区
		寒冷地区	温和地区	
内河淡水区	0.20	0.15	0.25	0.30
沿海海水区	0.20	0.15	0.20	0.30

注:温和地区指最冷月平均气温在−3℃以上的地区;寒冷地区指最冷月平均气温在−10℃~−3℃的地区。

(3) 浆砌石防洪墙(堤)墙身出现裂缝或渗漏严重的,可采用充填法或灌浆法处理;浆砌石挡浪墙出现裂缝,宜采用水泥砂浆等材料进行表面抹补、填塞或喷浆。

(4) 防洪墙(堤)墙基出现冒水冒砂现象时,应对墙基进行地质勘探、渗流分析,确定渗流控制措施后进行处理;勘探结束须封孔。

(5) 变形缝填料冲失的,应及时填充;止水设施损坏的,应及时修复。

5. 防渗及排水设施维修

(1) 黏土斜墙及土工合成材料坡面防渗体的保护层发生损坏的,应采用与原设计要求相同的材料维修。

(2) 排水导渗体或滤体发生损坏或堵塞时,应将损坏或堵塞部分拆除,按原有结构修复。

(3) 当堤顶、堤坡设置的排水沟发生沉陷、损坏时,应拆除损坏部位,回填夯实堤身,按原有结构修复堤坡及排水沟。

(4) 减压井排渗功能明显下降时,应对减压井进行清洗,清除淤积物,疏通反滤层,以保证减压井排水通畅。

(5) 堤防防渗土工膜或复合土工膜发生损坏的,应拆除局部护坡体,对防渗土工膜的损坏部位进行修补,并恢复原有结构。

6. 堤身裂缝维修

(1) 堤身裂缝维修应在查明裂缝成因,且裂缝已趋于稳定时进行。

(2) 土质堤防裂缝维修宜采用开挖回填、横墙隔断、灌堵缝口、灌浆堵缝等方法。

(3) 纵向裂缝维修宜采用开挖回填的方法,并符合下列要求:

——开挖前,可用经过滤的石灰水灌入裂缝内,了解裂缝的走向和深度,以指导开挖。

——裂缝的开挖长度应超过裂缝两端各 1 m,深度应超过裂缝底部 0.3~0.5 m;坑槽底部的宽度应不小于 0.5 m,边坡符合稳定及新旧土结合的要求。

——坑槽开挖时宜采取坑口保护措施,避免日晒、雨淋、进水和冻融;挖出的土料宜远离坑口堆放。

——回填土料与原土料应相同,并控制适宜的含水量。

——回填土分层夯实,夯实土料的压实度不小于堤身土料的压实度。

(4) 横向裂缝维修宜采用横墙隔断的方法,并符合下列要求:

——与临水相通的裂缝,在裂缝临水坡先修前戗;背水坡有漏水的裂缝,在背水坡做好反滤导渗;与临水尚未连通的裂缝,从背水面开始,分段开挖回填。

——除沿裂缝开挖沟槽外,还宜增挖与裂缝垂直的横槽(回填后相当于横墙),横槽间距 3~5 m,底边长度为 2.5~3.0 m,厚度不宜小于 0.5 m。

——开挖回填土料宜与原土料相同,并控制适宜的含水率,回填土分层夯实,夯实土料的压实度不小于堤身土料的压实度。

(5) 宽度小于 3~4 cm、深度小于 1 m 的纵向裂缝或龟纹裂缝宜采用灌堵缝口的方法,并符合下列要求:

——由缝口灌入干而细的砂壤土,用板条或竹片捣实。

——灌缝后,宜修土埂压缝防雨,埂宽 10 cm,高出原顶(坡)面 3~5 cm。

(6) 堤顶或非滑动性的堤坡裂缝宜采用灌浆堵缝的方法维修。缝宽较大、缝深较小的宜采用自流灌浆维修;缝宽较小、缝深较大的宜采用充填灌浆维修。

(7) 自流灌浆宜符合下列要求：

——缝顶挖槽，槽宽深各为 0.2 m，用清水洗缝。

——按“先稀后稠”的原则用砂壤土泥浆灌缝，稀稠 2 种泥浆的水土重量比分别为 1∶0.15 与 1∶0.25。

——灌满后封堵沟槽。

(8) 充填灌浆维修，可将缝口逐段封死，由缝侧打孔灌浆。

7. 堤身隐患处理

(1) 堤身隐患应根据其类型、性质、位置等具体情况，采用开挖回填、充填灌浆、劈裂灌浆等方法处理。

(2) 位置明确、埋藏较浅的堤身隐患，宜采用开挖回填的方法处理，并符合下列要求：

——将洞穴等隐患的松土挖出，再分层填土夯实，恢复堤身原状。

——位于临水侧的隐患，宜采用黏性土料进行回填，位于背水侧的隐患，宜采用砂性土料进行回填。

(3) 范围不明确、埋藏较深的洞穴、裂缝等堤身隐患宜采用充填灌浆、劈裂灌浆处理。

(4) 混凝土、砌石堤防的隐患处理，宜采用压力灌浆处理，并符合《水工建筑物水泥灌浆施工技术规范》(SL 62—2014)的规定。

(5) 对以下 2 类堤基隐患，应探明性质并采取相应的处理措施，并应符合《堤防工程设计规范》(GB 50286—2013)和《堤防工程施工规范》(SL 260—2014)的规定：

——堤基中的暗沟、古河道、塌陷区、动物巢穴、墓坑、窑洞、坑塘、井窖、房基、杂填土等。

——堤防背水坡或堤后地面出现过渗漏、管涌或流土险情的透水堤基、多层堤基或强风化、裂隙发育堤基。

(三) 护岸工程修理

1. 坝式护岸维修

(1) 坝式护岸的散抛石、干砌石、浆砌石、混凝土护坡维修参照堤身防护工程。

(2) 土心出现大雨淋沟、陷坑，宜采用开挖回填的方法维修，挖除松动土体，由下至上分层回填夯实。

(3) 土心发生裂缝，应根据裂缝特征进行维修，并符合下列规定：

——表面干缩、冰冻裂缝以及缝深小于 1.0 m 的龟纹裂缝，宜采用灌堵缝口的方法。

——缝深不大于 3.0 m 的沉陷裂缝，待裂缝发展稳定后，宜采用开挖回填的方法。

——非滑动性质的深层裂缝，宜采用充填灌浆或上部开挖回填与下部灌浆相结合的方法处理。

(4) 土心滑坡，应根据滑坡产生的原因和具体情况，采用开挖回填、改修缓坡等方法进行处理。

开挖回填应符合下列规定：

——挖除滑坡体上部已松动的土体，按设计边坡线分层回填夯实；滑坡体土方量很大，不能全部挖除时，可将滑弧上部能利用的松动土体移做下部回填土方，由下至上分层回填。

——开挖时，对未滑动的坡面，按边坡稳定要求放足开挖线；回填时，逐坯开蹬，做好新旧土的结合。

——恢复土心边坡的排水设施。

改修缓坡应符合下列规定：

——放缓边坡的坡度应经土心边坡稳定分析确定。

——将滑动土体上部削坡，按放缓的土心边坡加大断面，做到新旧土体结合，分层回填夯实。

——回填后，应恢复坡面排水设施及防护设施。

2. 墙式护岸维修

(1) 混凝土墙式护岸表面脱壳、剥落和有人为损坏的，可根据情况，分别采取砂浆抹补、喷浆或混凝土修补等措施，并严格控制修补质量。

(2) 混凝土墙式护岸裂缝处理，参见堤身防护工程有关规定。

(3) 混凝土墙式护岸受到剥蚀损坏，应首先查明属于冻融剥蚀还是钢筋锈蚀引起的混凝土剥蚀，按照《混凝土坝养护维修规程》(SL 230—2015)的有关规定修补及处理。

(4) 浆砌石墙式护岸维修，参见堤身防护工程有关规定。

3. 护脚维修

(1) 水面以上，护脚平台或护脚坡面发生凹陷时，应抛石排整到原设计断面；排整应做到大石在外，小石在里，层层错压，排挤密实。

(2) 水面以下，探测的护脚坡度陡于稳定坡度或护脚出现走失时，应抛散石或石笼加固，有航运条件可采用船只抛投；完成后应检查抛石位置是否符合要求。

(3) 散抛石护坡的护脚维修，可直接从坝顶运石抛卸于护坡或置放于护坡的滑槽上，滑至护脚平台上，然后进行人工排整，损坏的护坡于抛石结束后整平；砌石护坡在进行护脚维修时，应防止石料砸坏护坡。

(4) 护脚坡度陡于设计坡度，应按原设计要求用块石或石笼补抛至原设计坡度。

(5) 海堤的堤岸防护工程，其桩式护脚、混凝土或钢筋混凝土异形块体护脚和沉井护脚受到风暴潮冲刷破坏时，应按原设计要求补设。

4. 排水设施维修

(1) 排水沟(管)堵塞或破坏的，应挖除破坏或堵塞的部分，并按原设计进行修复。

(2) 排水沟(管)的基础被冲刷破坏的，应先修复基础，再按原设计要求修复排水沟(管)。

(3) 排水沟(管)维修时，应根据排水沟(管)的结构类型，分别用相应的材料施工。

(4) 排水孔损坏或堵塞的，应按原设计要求补设。

三、植物防护工程管理

(一) 一般要求

(1) 植物防护以不影响堤防安全与管理为前提，堤身植物应不影响巡堤查险，有利于消除害堤动物生存环境。

(2) 应因地制宜选择植物品种，不宜在较长堤段采用同一植物品种；合理保护自然植被，减少对自然植被的破坏；堤防土坡、堤肩可有选择地种植草皮，草皮应整齐，在不影响堤防检查的情况下也可栽植低矮灌木；护堤地、防浪林台可栽植乔木，林木缺损率小于5%，防浪林台应栽植满足消浪、防冲、涝渍、气候、耐久要求的林木。

(3) 植物种植后,应适时抚育管理,提高其成活率、保存率及植被覆盖率,防止人、畜破坏。

(4) 堤防工程管理范围内的林木由堤防管理单位负责营造,及时制止其他法人和自然人在堤防工程管理范围栽植、种植。

(5) 应建立完整的植物养护技术档案,包含林草地基础资料、林木数量变化记录等,林木应分地段逐株编号。

(二) 草皮养护

(1) 应及时清除高杆、阔叶类杂草,以人工除草为主,不宜使用化学除草剂。清除季节性杂草要分期进行,春季杂草开始发芽时、夏季杂草生长旺盛时、秋季杂草结籽前可分别进行一次清除。草高一般不宜超过 15 cm。

(2) 草皮出现枯死、损毁或遭雨水冲刷流失时,应及时补植,覆盖率应保持在 95%以上。

(3) 草皮缺水或缺肥影响生长时,应适时浇水或施肥。

(4) 补植或更新草皮时,应加强养护,并符合下列要求:

① 选择暖季型、根系发达、低茎蔓延、易维护的草皮品种及无病虫害的草源,补植草皮宜选用适宜的、适合当地生长条件的品种;临近城镇的堤段,可种植一些美化草种。

② 移植草皮时,草皮应带土成块,扒松基面土层,洒水铺植,贴紧拍实,定期洒水。

③ 采用籽播或散栽方式建植草皮成坪前,应采取措施防止水土流失。

④ 堤防草皮护坡面积大,受季节影响大,建植工期较短时,宜采用籽播种植、散栽、条铺、满铺、撒茎覆土等结合方式种植,以满足快速施工的要求。

(三) 林木养护

(1) 堤防植树应以"临河防浪,背河取材,美化环境"为原则。

(2) 堤身不应栽种乔木等根系较深的植物;已栽植的,应逐步清除并将根系挖除、填土夯实;当发现护堤地乔木根系与堤身较近时,应切断其根系。

(3) 栽植新树时,宜选择容易存活、生长快、防护效益好、兼顾经济效益的乡土树种,亦可选择经过引进试验,适宜推广栽植的树种;有景观要求的护堤林木,宜以常绿树种为主。

(4) 防浪林主冠宜在警戒水位至设计水位上下,充分郁闭(植物冠幅投影面积与绿化占地面积之比达到 0.6 以上时为郁闭);用材林保持通风透光。

(5) 林木养护应符合下列要求:

① 林木保存率应大于 95%,缺损较多的,应及时补植。

② 树木歪斜时,应及时扶正培土,断枝及时剪除。

③ 林木宜适时进行锄草、中耕松土、浇水、病虫害防治、涂白(以秋季为宜)。

④ 林地积水时,应开沟沥水,及时排除积水;防浪林可采用高台大垅穴状整地,开挖排水沟排水。

⑤ 定期修枝,修枝切口应平滑。

(6) 林木成活后到郁闭前,应加强抚育管理,宜符合下列要求:

① 应根据不同树种和不同的立地条件进行适期、适量灌溉;在高温季节或连续干旱,出现林木叶片萎缩、地面龟裂等现象时,适时灌溉;新植树苗定根水应及时浇灌。

② 施肥以氮、磷、钾肥为主,施肥量和肥料比例应视林木生长情况而定,施肥时间于叶

芽开始分化以前为宜;结合水肥管理,可进行中耕、锄草和种植绿肥。

③ 对枯死和病害严重的树木,应挖除后补植;补植的苗木规格应大于原苗木,并加强抚育管理,使其光照通风良好,对周边树木枝条进行修整,保证补植苗木成活并促进其生长。

(7) 林木成活郁闭后,宜符合下列要求:

① 秋季植物落叶后或春季萌芽前,应进行必要的修剪抚育,使树木透光适度,通风良好。

② 对防浪林应保持适当树冠高度和枝条密度,提高消浪效果。

③ 树木越冬前,应在距地面 1～1.5 m 树干上涂白剂,配料可采用:生石灰 5 kg+石硫合剂原液 0.5 kg+盐 0.5 kg+动物油 0.1 kg+水 20 kg。

(四) 病虫害防治

(1) 病虫害防治应以“预防为主、科学防控,依法治理、促进健康”为方针,防治工作应在林业技术部门的指导下开展,加强联防联治。

(2) 病虫害防治应采用生物防治方法,并应保护和利用害虫天敌。林业病虫害防治宜采用人工或光电热等物理方法诱捕、诱杀。

(3) 在病虫害爆发流行、危害严重的情况下可采用化学防治;化学防治应选择高效、低残留的化学药剂,不应使用高残留和广谱杀虫剂,并应使用合理的剂量和正确的施药方法,农药残留不得超过国家规定的标准。

(五) 防灾减灾

(1) 严防森林火灾。在堤防入口、重要景点、停车场等处设置防火警示宣传牌。在防火期内,每天巡视,严禁野外用火。可结合林木更新补植适当配置的防火树种,堤顶道路两侧宜配置具有防火能力的低矮灌木。必要时配备风水灭火机、灭火水枪、消防铲、扑火服等防火灭火器材。

(2) 风暴前,对林木采取培土、加固、梳枝等防护措施。风暴和高水位后,应对树体歪斜的树木及时扶正、培土,修剪风折枝,排除低洼处积水,清理林地环境。

(3) 大雪前,可合理修剪树木冠型,使侧枝分布均匀。雪灾发生时应及时除去植株上积雪。雪后扶正倾斜、倒伏的林木,修除压折枝条,对雪折木采伐清理,雪融后应排除积水。

(六) 林木采伐

(1) 堤防林木过密或发生病虫害时,应进行抚育采伐,间密均匀,伐病留优,促进树木生长。林木老化或影响堤防安全时应进行采伐更新。

(2) 堤防林木采伐应当根据有关规定编制林木采伐更新作业设计书,经所在地县以上林业主管部门或省水行政主管部门审查后,报省林业主管部门批准后方可实施采伐。

(3) 林木更新采伐一般安排在每年的冬春季节进行,采伐作业时必须将树根清除干净。

四、害堤动物防治

(一) 一般要求

(1) 定期开展害堤动物隐患检查,发现兽类、蚁类等隐患时,及时防治。

（2）堤防工程动物隐患防治应以保证堤防工程安全、不污染环境为前提，做到防治并重、因地制宜、综合治理。

（3）防治范围应包括堤防工程的管理范围、保护范围和害堤动物可能影响堤防安全的范围。

（4）堤防工程管理单位（或堤防工程养护企业）每年应编制年度防治计划及方案，做好普查、防治和隐患处理，并由专人负责；对于存在害堤动物频繁活动迹象的堤段，应安排专门防治人员，开展害堤动物的防治工作。

（二）獾、狐、鼠危害防治

1. 獾、狐危害防治应符合下列要求：

（1）每年冬季和汛前进行普查，对草丛、料垛、坝头等隐蔽处和獾、狐多发堤段，应加强普查，进行群众走访调查。

（2）应及时清除堤坡上的树丛、高秆杂草、旧房台等，整理备防土料、备防石料垛，消除便于獾、狐生存活动的环境条件。

（3）做好獾、狐防治记录，内容应包括捕捉獾、狐的时间、堤防桩号、洞穴位置、尺寸、周围环境及处理情况等。

（4）因地制宜，可采用器械捕捉、药物诱捕、开挖追捕、锥探灌浆、烟熏网捕等方法。

2. 鼠类防治应符合下列要求：

（1）破坏鼠类的生活环境与条件，使其不能正常觅食、栖息和繁殖，逐渐减少鼠类数量直至局部灭绝。

（2）因地制宜，可采用人工捕杀、器械捕捉、药物诱捕、薰蒸洞道、化学绝育等方法。

（3）对堤身内的洞穴应及时采取开挖回填或充填灌浆等方式进行处理。

（三）白蚁危害防治

（1）白蚁危害防治应按“以防为主、防治结合、因地制宜、综合治理”的原则，做好检（普）查、预防、灭治3项工作。

（2）检（普）查工作宜符合下列要求：

① 在发生白蚁危害的地区，每年至少进行2次白蚁危害普查，白蚁普查时间可在每年4月至6月和9月至10月进行。

② 在白蚁外出活动的高峰期做到每月检查不少于1次，对蚁害严重的工程，应增加检查次数。

③ 检（普）查后，应绘制白蚁分布图，做好危害情况记录。

（3）检（普）查可采用直接查找法和引诱查找法。直接查找宜每人间隔2 m，左右排成“一”字队形寻找，在堤坡及其蚁源区内查找泥被、泥线及分群孔等白蚁活动痕迹，并做好标记；引诱查找宜用白蚁喜食的饵料，在白蚁经常活动的部位，设置引诱桩、引诱坑或引诱堆等引诱白蚁觅食；引诱桩、堆、坑的设置标准是纵横距为5～10 m；做到每15 d检查1次，检查后随时还原；发现白蚁活动迹象的桩、坑、堆后应做好标记和记录。

（4）白蚁预防工作应符合下列要求：

① 堤防工程进行改建、扩建时，应清除基础表层的杂草，有白蚁隐患应彻底处理；取土

场应检查和清除白蚁，不应采用有白蚁或菌圃的土料进行施工。

② 经常清除堤防工程和周边区域内的杂草，疏排水渍，定期喷药；在白蚁分飞期（4 月至 6 月），应减少堤防工程区内灯光，以防止白蚁滋生。

③ 灭治白蚁应按“找巢、灭杀、灌填”3 个环节，因地制宜采用破巢除蚁、药物诱杀和灌浆等方法进行。灭治白蚁的药物应选用低毒、环保型产品。

(5) 破巢除蚁应符合下列要求：

① 一鼓作气完成，捕捉蚁王后应及时将坑槽回填夯实。

② 汛期和可能危及堤防安全时，不宜采用破巢除蚁法。

(6) 药物诱杀应符合下列要求：

① 诱杀白蚁应投放环保型有效药物制成的诱饵。

② 诱饵投放时间应为白蚁在地表的活动季节，投药地点应选在有白蚁正在活动的位置。

③ 诱饵投放后 7～10 d 应检查白蚁觅食情况，发现白蚁有觅食现象时，应做好标记和记录。

④ 20～30 d 后，查找死巢的地面指示物（炭棒菌），及时破巢除蚁或灌填，不留隐患。

⑤ 灭蚁后应及时处理巢腔和蚁道。

(7) 采用灌浆法灭治宜符合下列要求：

① 蚁道灌浆：找到较大蚁道，射浆管宜直接伸入蚁道灌浆。

② 钻孔灌浆：在堤顶布 2 排以上的孔进行灌浆，如能较准确判断蚁巢位置，可在其范围内布孔灌浆。

③ 浆液中宜掺入适量的环保型灭蚁药物。

白蚁防治详见《堤坝白蚁防治技术规程》(DB 32/T 1361—2009)。

五、管理设施及抢险物料管理

(一) 一般规定

(1) 各种管理设施应位置适宜、结构完整，发现损坏与丢失，应及时修复或补设。

(2) 各种设备、工器具等，应按其操作规程正确使用，并定期检查和养护，发现故障及时维修。

(3) 技术要求较高的专用设施、仪器、工器具，应由专业人员操作使用，并由具备管理维护资格的人员对其进行管理与维护。

(4) 常用工程构件和机械设施的易损件应有备品，发现损坏和丢失应及时更换，保证设施正常运行。

(5) 3 级及以上堤防宜设置工程视频监视、安全观测和信息管理系统等，积极推进堤防工程管理现代化建设。

(二) 标志标牌、限行装置养护

(1) 里程桩、百米桩、界桩、界牌、警示牌、宣传牌等标志标牌应经常维护，保持稳固、端正、完好、清晰、清洁，铁件无锈蚀。

（2）限行装置完好，标志醒目，横杆、立柱贴有反光膜，或设有照明、警示灯，铁件定期除锈、油漆，转动部位涂抹润滑脂，锁具防锈保护。

（三）观测设施养护

（1）观测仪器、设备应完好，专人管理，并按规定进行检测。

（2）工作基点、测点、测压管等观测设施无缺损、锈迹，保护设施完好，标牌清晰美观，表面清洁。工作基点和测点应远离树木和车辆通道，测压管口高出地面，防客水入侵措施可靠。

（3）水位标尺安装牢固，无损坏，表面清洁，标尺数字清晰，每年汛前进行校验。

（4）断面桩无缺失、破损，固定可靠，标牌清晰美观。

（5）观测设施应经常检查维护，发生变形或损坏的，应及时修复、校测。

（四）机电设备管理

1. 配电柜管理

（1）配电柜应固定牢靠，底部与电缆沟之间封堵良好，防止小动物进入柜内；结构无变形，外观清洁，防腐保护层完好。

（2）盘面仪表、指示灯、按钮以及开关等完好，仪表显示准确、指示灯显示正常。

（3）铭牌清晰，柜前柜后均有统一的柜名，有绝缘垫，抽屉或柜内外开关上准确标示供电用途。

（4）柜内无杂物、积尘，接线整齐，分色清楚，柜内导体连接牢固，导体之间连接处及动力电缆接线柱头示温片（纸）齐全，无过热现象。

（5）二次接线端子牢固，用途标示清楚，电缆及二次线有清晰标记的电缆牌及号码管。

（6）配电柜的金属构架及柜内电器组件的金属支架与接地导体连接牢固，有明显的接地标志；门体与开关柜用多股软铜线可靠连接；开关柜之间的专用接地导体相互连接，并与接地端子连接牢固。

（7）手车、抽屉等进出灵活，闭锁稳定、可靠，柜内设备完好。

（8）配电柜门锁完好，运行时柜门应处于关闭状态，必要时应锁定。

（9）柜内熔断器的选用、热继电器及智能开关保护整定值符合设计要求，漏电断路器定期试验，动作可靠。

（10）开关箱、照明箱、配电箱的安装高度符合规范要求，并做等电位连接，进出电缆应穿管或暗敷，美观整齐。各种开关、继电保护装置触点良好，接头牢固。设置在露天的开关箱应防雨、防潮。

2. 柴油发电机管理

（1）柴油发电机组表面清洁，无积尘、油迹、锈迹，防腐保护层完好，着色符合标准。

（2）机架固定可靠，机架及电气设备有可靠接地。

（3）各类燃油门开关灵活可靠，有明显的旋转方向标志；调速杆灵活，各连接点保持润滑。

（4）柴油发电机油路、水路连接可靠通畅，无渗漏现象，冷却水水位、散热器水位、曲轴箱油位、燃油箱油位均正常,滤清器清洁。

(5) 电池组的电量保持充足。

(6) 电气接线桩头清洁,无变形,电缆与出口开关接线可靠,出口开关分断可靠。

(7) 柴油发电机运转正常,无异常声响,电压、温度及转速等符合要求,各类仪表指示准确;冬季防冻措施到位。

3. 照明系统管理

(1) 灯具无损坏,防腐保护层完好,接地可靠,电气控制设备完好,标志齐全清晰,开关可靠。

(2) 室外照明灯具设有漏电保护器,高杆路灯、庭院灯、泛光灯等固定可靠,连接螺栓无锈蚀,强度符合要求,无损坏坠落危险。

(3) 室外灯具线路应采用双绝缘电缆或电线穿管敷设,管路应有一定强度,草坪灯、地埋灯有防水防潮和接地功能。

(4) 照明灯具优先采用节能光源,注重环保节能,定时器按照季节调整开、关时间。

4. 电缆管理

(1) 电缆的负荷电流不超过最大允许值,长期工作温度符合制造厂规定。

(2) 电缆外观无损伤,绝缘良好,排列整齐,固定可靠。

(3) 室外直埋电缆在拐弯点、中间接头等处设标示柱,标示柱完好无损;室外露出地面电缆的保护钢管或角钢无锈蚀、位移或脱落现象。

(4) 引入室内的电缆穿墙套管、预留管洞封堵严密。

(5) 沟道内电缆支架牢固,无锈蚀,沟道内无积水。

(6) 电缆标示牌完整,注明电缆线路的名称、走向、编号、型号、长度等。

(7) 电缆头接地线良好,无松动断股、脱落现象,动力电缆头应固定可靠,终端头出线有与母线一致的黄、绿、红 3 色相序标志。

(8) 按要求进行预防性试验。

(五) 计算机监控系统管理标准

(1) 计算机监控、视频监视设备应外观整洁、干净,无积尘。

(2) 现地监控单元柜面仪表清楚,显示准确,开关、按钮、连接片、指示灯等完好可靠,柜体的管理达到上述开关柜管理要求。

(3) 计算机主机、显示器及附件完好,机箱定点摆放整齐,机箱内外部件整洁,无积尘,散热风扇、指示灯工作正常,线路板、各元器件、内部连线连接可靠,接插紧固。

(4) 显示器、鼠标、键盘等配套设备连接可靠,工作正常,保持清洁。

(5) 工作电压正常,电源插头连接可靠,接触良好。

(6) 磁盘定期维护清理,重要数据定期备份。

(7) 计算机主机放置于通风、防潮、防尘场所,机箱上无其他物品,移动设备未经允许不得随意使用。

(8) 关键岗位的计算机配备不间断电源,并配备预装同类软件的计算机作为紧急时备用。

(9) 打印机电源线、数据连接线连接可靠,能随时实现打印功能,打印无异常;打印纸质量合格，纸品注意防潮，发生卡纸时按说明书或提示要求小心清理。

(10) PLC各模块接线端子紧固，模块接插紧固，接触良好，工作正常。机架、模块、电源、继电器、散热风扇、加热器、除湿器完好，安装固定可靠，工作正常；接线整齐，连接可靠，标记齐全，输入输出模块指示灯工作正常；PLC之间、PLC与主机及网络通信接口通讯可靠；电源电压符合使用要求；出口继电器接线正确，连接可靠，动作灵敏；继电器用途有标识。

(11) 视频监视设备的硬盘录像主机、分配器、大屏、摄像机等运行正常，表面清洁，散热风扇、加热器等设备完好，工作正常；硬盘录像软件运行正常；图像监视、球机控制、录像、回放等功能正常；视频摄像机机架无锈蚀，安装固定可靠，及时清洁摄像机镜头，保持监控效果良好；视频摄像机线路整齐，连接可靠，信号传输通畅；电源电压符合工作要求。

(12) 网络通信设备管理的光纤、五类线等通信网络连接正常；交换机、防火墙、路由器等通信设备运行正常；各通信接口运行状态及指示灯正常；自动控制系统、视频监视系统与上级调度系统通讯正常；通信设备运行日志及登录、访问正常。

(13) 应有防雷和接地保护措施，每年雷雨季节前进行1次检查维护。

(14) 监控设施应由专人负责，监控室应保持通风、整洁。

（六）生产管理与生活设施养护

(1) 生产管理区和生活区应分开，并绘制平面分布图，生产管理区设宣传栏。

(2) 生产管理与生活区的建筑或设施，包括办公室、动力配电房、机修车间、设备材料仓库、宿舍、食堂、卫生间等，应保持整洁，符合卫生、安全、防火要求，并应划分责任区，设立标识标牌。

(3) 做好环境绿化、美化、亮化工作。

(4) 应及时修复损毁的硬化地面、路面。

(5) 架空的输电、通信线路应整齐，输电、通信线路入地及管网布设符合规划要求并设立标志。

（七）抢险物料的管理

(1) 遵循“分级储备，分级管理”的原则；现场防汛物资的储备，按照《防汛物资储备定额编制规程》(SL 298—2004)测算，并结合实际情况确定储备种类和数量，应满足应急抢险的需要。

(2) 仓库、物料分布合理，有专人管理，管理规范；防汛物料存放位置适宜，码放整齐，取用方便，有防护措施、管理标牌；易燃、易爆、腐蚀性材料应另辟库房单独存放，妥善保管；防汛物资质量符合要求，器材性能可靠，无霉变、丢失，账物相符；泡沫救生衣(圈)按原包装整齐存放、保持干燥，防止油污、霉变、挤压变形；编织袋、编织布、土工布应架空存放，外包装完好，避光通风保存；草包应有防潮垫层，整数堆放，通风保存，每年翻晒；经常检查、定期维护保养，及时报废、更新超储备年限物资，不足或破损的物料应及时补充、更换；有防汛物资储备分布图、调运图；库房有防火、防盗措施。

(3) 防汛抢险配备的车辆、机械设备应按相应要求进行养护，定期检查、试运行，发现故障及时维修，保持正常运转状态。

(4) 防汛屋与一线防守区房屋应定期检查，对门窗损坏、油漆脱落、屋顶漏雨等问题应及时维修,恢复原有使用功能。

(5) 省级防汛物料的调用,由地级市防办或厅属管理处向省防办提出申请,申请调用防汛物料的内容应包括用途、需要物料名称、数量、运往地点和联系人等;地方储备的防汛物料应按相应程序调用。

(6) 在江、河、湖堤堤坡或平台(戗台)上修筑的土台、块石料和砂、碎(卵)石存储池发生损坏,应及时修复。块石、砂石等防汛物料应堆放在最高洪水位之上,立管理牌,及时清除垃圾、杂草。

六、维修项目管理

(一) 项目计划编报

每年 11 月或根据需要,管理单位依据年度工程检查发现的问题,结合单位发展需要,编制维修项目计划,按程序向财政、水利主管部门申报。

工程养护维修计划应根据《江苏省水利工程养护维修预算定额》及其他相关定额和市场行情进行编制。

(二) 项目实施方案报批

工程养护维修计划经批准后,应及时组织实施,凡影响安全度汛的项目应在汛前完成。需跨年度实施的项目,应上报批准。

工程养护维修项目实行项目负责人制度,应根据批复的经费限额和工程实际情况编制项目实施方案。

项目实施方案及预算应符合《江苏省省级水利工程维修项目实施方案管理办法(试行)》的规定,通过主管部门审查,方案的重点为:可施工,兼顾经济、美观。

(三) 采购管理

采购应根据经费限额(或合并达到),采用公开招标或分散采购形式。项目采购方式应通过主管部门审核认定。

根据采购结果,管理单位选择具有施工资质和能力的维修施工队伍,签订项目施工(设备供货、技术服务)合同和安全生产协议书。

(四) 质量安全监管

管理单位应将质量作为第一要素,开展全过程质量控制,达到合格等级。

管理单位应将承包人作为第三方,开展全过程安全生产监管,包括安全生产技术交底、安全生产检查、关键作业工序旁站等,督促施工单位保证施工安全。

工程施工期间,管理单位及时协调运行与施工矛盾,督促施工单位抢抓进度,按月向上级主管部门报送工程进度,确保按时完成任务。

项目实施过程中管理单位应随时跟踪项目进展,建立施工管理日志,用文字及图像记录工程施工过程发生的事件和形成的各种数据。

管理单位如实反映主要材料、机械、用工及经费等的使用情况，做到专款专用，并及时填写项目实施情况记录表。

汛期或工程运行期间实施的项目应向上级防汛主管部门备案。

（五）结算审计

项目完工后，管理单位应组织核实工程量，组织施工单位编制项目结算。

初审后项目结算，管理单位报请上级主管部门组织造价审计。

根据审计结果，管理单位按合同支付结算尾款。

（六）竣工验收

项目完成实施，管理单位自验合格，项目管理卡填写完整，经费使用完成，可报请上级主管部门组织竣工验收。

工程竣工应具备相应的技术资料、竣工总结及图纸、照片、项目决算及内部审计报告等资料。

（七）绩效评价

管理单位对预算到位情况、数量指标、质量指标、时效指标、成本指标、经济效益指标、社会效益指标、生态效益指标、服务对象满意指标等进行自评价，填写绩效目标自评表。

维修养护资金必须实行专账核算，独立反映该资金的收、支、余情况，应遵守财会制度和财经纪律，不得截留、挤占、挪作他用，不得弄虚作假，虚列支出。

项目经费的完成情况，应接受财政部门组织的审计、评价。

第三节　安全管理

一、安全评价

（一）编制计划

根据《堤防工程安全评价导则》(SL/Z 679—2015)和上级主管部门的安排，堤防工程管理单位编制堤防工程安全评价计划，适时组织开展堤防工程安全评价，掌握所管堤防工程的安全状况。

（二）实施鉴定

堤防工程安全评价，分为现状调查分析、复核计算、综合评价 3 个阶段，应分别编制堤防安全现状调查分析报告、堤防安全复核计算分析报告、堤防安全综合评价报告。

堤防工程安全评价应执行规定的工作内容，包括：基础资料收集、运行管理评价、工程质量评价、防洪标准复核、渗流安全性复核、结构安全性复核、工程安全综合评价等。

基础资料收集，包括：堤防工程(含改扩建、除险加固)设计、施工、运行管理及堤防保护区、水文气象、地形、地质等有关技术经济资料，应真实准确。

运行管理评价应对堤防投入运行后的管理工作进行全面的检查和评价，重点考核运行管理有关制度的制定、落实情况以及发现问题的处理情况，涵盖工程整个运行期，并重点评价工程现状。

堤防工程质量评价，可采取现场巡视检查、历史资料分析、勘探和试验等基本方法，客观评价堤基的工程地质及水文地质条件，提供满足复核计算要求的工程实际参数，核查工程实体的施工质量及其变化情况，掌握影响工程运行安全的质量缺陷，提出堤防除险加固部位的指导性意见。

防洪标准复核，应根据最新技术经济资料和堤防工程现状，复核防洪标准、设计洪(潮)水位以及堤顶高程等，评价现状堤防是否能满足现行有关标准的防洪要求。

渗流安全性复核，应分析当前实际渗流状态和已有渗流控制设施能否满足设计条件下的渗流安全性要求。应对堤防运行过程中背水侧地面、堤脚、堤坡曾发生过或可能发生渗水、管涌的堤段进行渗流安全性复核，并应判明渗流异常的原因。

堤防结构安全性复核，应分析现场堤防能否满足设计条件下的结构安全性要求，复核重点应为运行中曾出现或可能出现结构失稳的险工、险段。应根据堤防结构及其失稳模式的特点，确定复核部位和工况，并应分析防渗体、排渗体失效或部分失效对结构安全性的影响。

堤防安全综合评价，应根据堤防安全各项复核结果及有关标准要求，结合堤防运行和质量现状进行评判，并应根据堤防级别等因素提出相应处理意见。

堤防安全综合评价分为 3 类，即一类(安全)，通过日常养护修理即可在设计条件下正常运行；二类(基本安全)，应有针对性地提出汛期查险、抢险工作的重点和局部加固处理意见；三类(不安全)，应提出除险加固方案建议。

(三) 成果审定

堤防工程安全评价报告，应由堤防工程管理单位上报，经有批准权限的单位组织审查，批复印发堤防工程安全评价报告书。

(四) 成果应用

堤防工程安全评价结果应作为堤防工程管理单位开展运行管理、堤防修理和除险加固的依据。

堤防工程管理单位通过堤防工程安全评价，掌握堤防安全状况，为工程管理、防汛抗旱、加固改造等提供基础资料。

二、安全生产管理

堤防工程管理单位应按照安全生产法律法规、规范性文件、技术标准，开展安全生产标准化建设，保障堤防工程管理安全。具体标准参见《水利工程管理单位安全生产标准化评审标准》，要点如下。

（一）目标职责

管理单位应成立安全生产工作领导小组，由单位主要负责人任组长，其他领导、所属单位、部门负责人为成员，负责单位安全生产的组织领导和督促检查工作。人事变动后，及时调整安全生产工作领导小组成员。

管理单位应成立安全生产机构或明确专职安全员，具体负责安全生产管理的日常工作，监督检查规章制度的执行和安全生产技术管理措施的落实情况，及时提出整改要求并跟踪落实。

每年 1 月，管理单位应制定分解年度目标，落实单位领导及所属单位（部门）各岗位人员的安全责任及管辖的层级关系，全员签订安全生产责任状；制定年度安全生产投入计划；制定年度安全文化建设计划。

每季度，管理单位应考核安全生产目标完成和管理单位人员安全生产岗位职责履行情况。

（二）制度化管理

管理单位应按照安全生产标准化建设要求，建立安全生产责任、教育培训、风险管控、隐患排查、事故处理等规章制度和操作规程。

管理单位应每年至少进行 1 次相关法规标准的识别，评估规章制度和操作规程的适用性，及时将安全生产文件资料归档。

（三）教育培训

管理单位应每年制定教育培训计划，依法对全体职工进行安全生产教育培训，组织职工学习安全生产法规和安全知识，增强安全生产意识，提高安全生产技能和应急处置能力。

特种作业人员必须经专业培训、考核，并持证上岗。

安全生产教育培训，应满足规定的各岗位安全生产继续教育学时。安全生产管理人员初次安全培训不得少于 32 学时，每年再培训时间不得少于 20 学时。在岗作业人员每年进行不少于 12 学时的经常性安全教育和培训。新职工上岗前要接受单位、部门、班组 3 级安全教育培训，培训时间不得少于 24 学时。

（四）现场管理

工程养护维修前，管理单位应与施工单位签订安全生产协议，明确施工安全主体责任，开展安全技术交底，施工过程中跟踪督促，发现隐患及时签发整改通知书，限期整改落实到位。

办公室、发电机房、仓库等重要位置应按照消防设计，配备适当数量的灭火器具。每月进行检查、检验，保证其齐全、完好、有效。

配置自动监控系统的工程，应对运行人员和管理人员分别规定其安全等级和操作权限。无操作权限的人员禁止操作自动监控系统，无管理权限的人员禁止在系统计算机上安装或使用任何软件。

堤防工程生产作业时应符合下列安全要求：① 水上作业应配置救生器材；② 在可能有

重物坠落、遭受碰撞等工作场所，应戴安全帽；③ 使用施工机械作业时，作业人员应按标准操作，并采取相应的安全防护措施，保护人身安全；④ 修剪及砍伐防护林时，上树修剪人员应使用安全带，不应攀爬脆弱、枯死树枝，不应攀登已锯或砍过的未断树木；伐木人员应避免被倾倒的树干及树枝砸伤；⑤ 使用药剂时，作业人员应做好人身安全保护；⑥ 堤防检查、养护时，要防止蜈蚣、毒蛇等咬伤；⑦ 斜坡上作业时，应防止滑倒、脚踝扭伤、落水等事故；⑧ 电气设备安装和操作时，应严格执行操作规程，并按规定穿着和使用绝缘用品、用具。

堤防工程用电及防雷安全应符合下列安全要求：① 变配电站周围应设置安全防护设施及警示等标志；② 电气设备不应超负荷使用，绝缘应符合相关规定，其金属外壳应有良好的接地保护；③ 输电线路要经常检查，严禁私接（拉）乱接，破旧老化的电源线应及时更换；④ 避雷设施及各类报警装置应定期检查维修、监测，确保完好、可靠；⑤ 电器设备周围应有安全警戒线，易燃、易爆、有毒物品的运输、贮存、使用按有关规定执行。

（五）安全风险管控及隐患排查治理

每季度开展危险源辨识和安全风险评价，根据评估结果，确定安全风险等级，实施分级分类差异化动态管理，制定并落实相应的安全风险控制措施（包括工程技术措施、管理控制措施、个体防护措施等），对安全风险进行有效控制。

在重点区域设置醒目的安全风险公告栏，针对存在安全风险的岗位，制作岗位安全风险告知卡，明确主要安全风险、隐患类别、事故后果、管控措施、应急措施及报告方式等内容。

每月开展安全生产检查，特殊时段按规定开展检查，从人的不安全行为、物的不安全状态、管理上的缺陷和环境上的不安全因素等方面排查安全生产隐患，建立隐患整改台账，按规定及时整改到位，实行闭环管理。

对于一般事故隐患应按照责任分工立即或限期组织整改。对于重大事故隐患，由主要负责人组织制定并实施事故隐患治理方案，治理方案应包括目标和任务、方法和措施、经费和物资、机构和人员、时限和要求，并制定应急预案。在事故隐患治理过程中，应当采取相应的监控防范措施。重大事故隐患排除前或排除过程中无法保证安全的，应从危险区域内撤出作业人员，疏散可能危及的人员，设置警戒标志，暂时停产停业或者停止使用相关装置、设备、设施。

每季度至少组织 1 次安全生产风险分析，通报安全生产状况及发展趋势，及时采取预防措施；在接到自然灾害预报时，及时发出预警信息。

（六）应急管理

按规定建立应急管理组织机构或指定专人负责应急管理工作。建立健全应急工作体系，明确应急工作职责。

在开展安全风险评估和应急资源调查的基础上，建立健全生产安全事故应急预案体系，制定生产安全事故应急预案；针对安全风险较大的重点场所（设施）编制重点岗位、人员应急处置卡；按有关规定报备，并通报有关应急协作单位。

根据本单位的事故风险特点，每年至少组织 1 次综合应急预案演练或者专项应急预案演练，每半年至少组织 1 次现场处置方案演练，做到一线从业人员参与应急演练全覆盖，掌握相关的应急知识。演练要进行总结和评估，根据评估结论和演练发现的问题，修订、完善应急预案，改进应急准备工作。

（七）事故管理

发生事故后，按照有关规定及时、准确、完整地向有关部门报告，事故报告后出现新情况的，应当及时补报。

发生事故后，采取有效措施，防止事故扩大，并保护事故现场及有关证据。

事故发生后，由有关人民政府组织事故调查的，应积极配合开展事故调查，按照“四不放过”的原则进行事故处理。

建立完善的事故档案和事故管理台账，并定期按照有关规定对事故进行统计分析。

（八）持续改进

主要负责人每年至少组织1次安全生产标准化实施情况的检查评定，验证各项安全生产制度措施的适宜性、充分性和有效性，检查安全生产管理工作目标、指标的完成情况，提出改进意见，形成评定报告。死亡事故发生后，应重新进行评定，全面查找安全生产标准化管理体系中存在的缺陷。

根据安全生产标准化绩效评定结果和安全生产预测预警系统所反映的趋势，客观分析本单位安全生产标准化管理体系的运行质量，及时调整完善相关规章制度和过程管控，不断提高安全生产绩效。

三、防汛管理

（一）防汛组织

建立防汛组织体系，及时调整防汛办事机构，组建本单位专业抢险队伍，明确单位负责人、技术人员等的防汛职责，落实安全度汛责任，建立健全防汛工作及值班防守制度。

建立与相关防汛部门、水文部门以及当地政府有关部门等的沟通联络机制，及时掌握工情、水情、雨情。

（二）汛前准备

每年汛前组织开展堤防工程定期检查，具体标准见本章第一节。

根据工情变化情况，研究编制防汛应急预案和险工险段抢险预案，报主管部门备案。组织抢险队伍开展防汛抢险技术培训。

针对堤防工程汛前检查情况或可能出现的险情，每年至少开展1次防汛应急预案演练，提高队伍应急处置能力。

根据工程防汛抢险需要和有关规定，配备应急电源和应急通信设备，储备必要的防汛物资，制定防汛物资管理办法，建立防汛物资储备使用管理台账，做好物资购置、补充、更新和日常管护工作。防汛物料及工器具储备应分布合理，专人负责，规范管理。

编制防汛物料分布图、险工险段位置图及物资调度图表等各防汛基础资料，并根据情况变化适时修改。

应在每年汛前，及时消除影响堤防工程安全度汛的各类隐患，对备用电源、照明设施等关键设备设施进行试运行，保证备用电源安全可靠，通信设备稳定畅通，防汛道路良好通畅。

（三）汛期管理

落实汛期值班制度，保持通讯畅通；及时了解水文、气象信息，密切关注雨情、水情、工情，及时准确执行防汛指挥机构和上级主管部门的指令。

应根据本工程防汛应急预案关于巡堤查险工作规定，做好日常巡堤查险工作。当江河湖泊达到警戒水位时，按管理权限由相应的防汛抢险机构组织实施巡堤查险。堤防工程管理单位应配合地方防汛指挥机构开展巡堤查险(标准参见工程检查部分)。

巡堤查险应进行拉网式巡查，采用按责任堤段分组次、昼夜轮流的方式进行，相邻队组要越界巡查。

发现险情时，应立即报告当地防汛指挥机构和上级主管部门，并配合做好抢险工作。

应根据堤防运行管理实际，加强汛期检查，建立并落实汛期 24 h 值班和领导在岗带班制度，做好值班记录，发现隐患、险情、事故及时报告。

四、应急抢险

（一）一般要求

（1）当发生危及河道、湖泊堤防工程安全的各种险情时，应立即抢险；海堤工程在风暴潮期间出现险情，应特别注意抢险人员的人身安全，必要时待风暴潮停止后进行抢险。

（2）险情发生后，应准确判断险情类别、性质，应按“抢早抢小，就地取材”的原则确定抢险方法，制定抢险方案。

（3）堤防工程抢险一般采取临时性抢险措施，险情解除后，具备条件时应清理、拆除临时工程，原工程设计应重新维修或加固。

（4）抢险应做到指挥统一、组织严密、因地制宜、快速有效、确保安全；抢险结束后加强巡查，发现异常应立即报告并及时处理。

（二）渗水抢险

（1）渗水险情抢险按照“临水截渗，背水导渗”的原则进行，并注意以下事项：

① 抢险时，应减少对渗水范围的扰动，避免人为扩大险情。

② 在渗水堤段背水坡脚附近有深潭、池塘的，抢护时宜在背水坡脚处抛填块石或土袋固基。

③ 不应采用黏性土做压渗平台。

（2）水浅流缓、风浪不大、取土较易的堤段，宜在临水侧采用黏土截渗，填土前清除临水边坡上的杂草、树木等杂物，填土段超过渗水段两端 5 m，并高出洪水位约 1 m。

（3）水深较浅而缺少黏性土料的堤段，可采用土工膜截渗，铺设土工膜应符合下列规定：

① 采用柔韧性较强的土工膜，膜厚度不应小于 1.5 mm，具体类型、材质及厚度的选择

应按水头、基层条件等确定。

② 铺设前做好基底清除工作，铺设时松紧适度，不得有折皱，膜尺寸应预留适当的松弛量，做好排水排气工作。

③ 宜采用宽幅膜，并在工厂拼接成要求尺寸的膜块，卷在钢轴上运输到铺设地点。

④ 拼接完成后尽快分层回填，填料及压实时防止损伤土工膜。

(4) 堤防背水坡大面积严重渗水的险情，宜在堤背开挖导渗沟，铺设滤料、土工织物或透水软管等，引导渗水排出，并符合《堤防工程养护修理规程》(SL 595—2013)中附录D的规定。

(5) 堤身透水性较强、背水坡土体过于松软或堤身断面小，采用导渗沟法有困难的堤段，可采用土工织物反滤导渗，并应符合下列要求：

① 先清除渗水边坡上的草皮(或杂草)、杂物及松软的表层土。

② 根据堤身土质，选取保土性、透水性、防堵性符合《土工合成材料应用技术规范》(GB/T 50290—2014)要求的土工织物。

③ 铺设时搭接宽度应不小于0.3 m，均匀铺设砂、石材料做透水压载层，并避免块石压载与土工织物直接接触。

④ 堤脚应挖排水沟，并采取相应的反滤、保护措施。

(6) 堤身断面单薄、渗水严重，滩地狭窄，背水坡较陡或背水堤脚附近有水潭、池塘的堤段，宜抢筑透水后戗压渗，并应符合下列要求：

① 采用透水性较大的砂性土，分层填筑密实。

② 戗顶应高出浸润线出逸点0.5～1 m，顶宽2～4 m，戗坡1∶3～1∶5，戗台长度宜超过渗水堤段两端3 m。

(7) 防洪墙(堤)发生渗水险情，应按《混凝土坝养护修理规程》(SL 230—2015)的规定抢险。

(三) 管涌(流土)抢险

(1) 管涌(流土)险情抢险应按“导水抑沙”的原则进行，并应符合下列要求：

① 管涌口不应用不透水的材料填塞。

② 堤防背水坡抢筑的压渗台，不应使用黏性土料。

③ 严重的管涌险情抢护，应采用滤层围井。

(2) 堤防背水地面出现单个管涌，宜抢筑反滤围井，并应符合下列要求：

① 沿管涌口周围用土袋垒成围井，并在预计蓄水高度上埋设排水管，蓄水高度以能使水不携带泥沙从排水管流出为度；围井高度小于1.0 m，可用单层土袋；大于1.5 m可用内外双层土袋；袋间填散土并夯实。

② 井内按反滤要求填筑滤料，如井内涌水过大，填筑滤料困难，可先用块石或砖块抛填，等水势消减后，再填筑滤料。

③ 滤层填筑总厚度应按照出水基本不带沙颗粒的原则确定，滤层下陷宜及时补充。

④ 背水地面的集水坑、水井内出现冒水冒沙现象时，可在集水坑、水井内倒入滤料，形成围井。

(3) 管涌较多、面积较大、冒水冒沙成片的，宜抢筑反滤铺盖，并应符合下列要求：

① 按反滤要求在管涌群上面铺盖滤层。

② 滤层顶部压盖保护层。

(4) 水潭和池塘积水较深,难以形成围井的,宜采用导滤堆抢护,并应符合下列要求:

① 导滤堆的面积以防止渗水从导滤堆中部向四周扩散、带出泥沙为原则确定。

② 先用粗砂覆盖冒水冒沙点,再抛小石压住所有抛下的粗砂层,继抛中石压住所有小石。

③ 水潭和池塘底部有淤泥的,宜先抛碎石,至碎石高出淤泥面时,再依次铺粗砂、小石、中石形成导滤堆。

(5) 在滤料缺乏的地区,可在背水侧修筑围堰,蓄水反压。

(四) 漏洞抢险

(1) 漏洞险情抢险应按"临水截堵,背水滤导"的原则进行,并应符合下列规定:

① 发现漏洞出水口,应采取多种措施尽快查找漏洞进水口,并标示位置。

② 临水截堵和背水滤导同时进行。

③ 在抢堵漏洞进水口时,不应乱抛砖石等块状料物,以免架空,使漏洞继续发展扩大。

④ 漏洞抢堵闭气后,应有专人看守观察。

⑤ 发生漏洞险情的堤段,大水过后,应进行锥探或锥探灌浆加固,必要时,应进行开挖翻筑。

⑥ 注意水下操作人员人身安全。

(2) 进水口位置明确、进水口周围土质较好的漏洞宜采用塞堵,并应符合下列规定:

① 用软性材料塞填漏洞进水口,塞堵时做到快、准、稳,使洞周封严。

② 用黏性土修筑前戗加固。

(3) 进水口位置能够大致确定的漏洞可采用软帘盖堵,并应符合下列要求:

① 宜先清理软帘覆盖范围内的堤坡。

② 将预制的软帘顺堤坡铺放,覆盖漏洞进水口所在范围。

③ 盖堵见效后抛压黏性土修筑前戗加固。

(4) 进水口较多、较小,难以找准位置,且临水侧水深较浅、流速较小的漏洞宜修筑围堰,并应符合下列要求:

① 用土袋修筑围堰,将漏洞进口围护在围堰内。

② 在围堰内填筑黏性土进行截堵。

(5) 在漏洞出水口,宜修筑反滤围井,并应符合下列规定:

① 在漏洞出水口周围用土袋码筑围井,并在预计蓄水高度埋设排水管。

② 保持围井自身稳定。

③ 围井内可填砂石或柳秸料。

(五) 风浪冲刷抢险

(1) 风浪冲刷险情抢险应按"削浪抗冲"的原则进行,并应符合下列要求:

① 抢护风浪险情,不宜在堤坡上打桩,必须打桩时,桩距要大。

② 防风浪平时应加强管理养护,备足防汛物料。

(2) 铺设土工织物或土工膜防浪，应符合下列规定：

① 先清除铺设范围内堤坡上的杂物。

② 铺设范围按堤坡受风浪冲击的范围确定。

③ 土工织物或土工膜的上沿宜用木桩固定，表面宜用铅丝或绳坠块石的方法固定。

(3) 挂柳防浪，宜符合下列规定：

① 选干枝直径不小于 0.1 m，长不小于 1 m 的树(枝)冠。

② 在树杈上系重物止浮，在干枝根部系绳备挂。

③ 在堤顶临水侧打桩，桩距和悬挂深度根据水的流势和堤坝坍塌情况而定。

④ 从风浪淘刷堤段下游向上游顺序搭接叠压逐棵挂柳入水。

(4) 土袋防浪，宜符合下列规定：

① 水上部分或水深较浅时，先将堤坡适当削平，然后铺设土工织物或软草滤层。

② 根据风浪冲击范围摆放土袋，袋口朝向堤坡，依次排列，互相叠压。

③ 堤坡较陡的，可在最底一层土袋前面打桩防止滑落。

(5) 草、木排防浪抢险时宜将草、木排拴固在堤上，或者用锚固定，将草、木排浮在距堤 3～5 m 的水面上。

(六) 裂缝抢险

(1) 裂缝险情抢险应按“判明原因，先急后缓”的原则进行，并应符合下列规定：

① 发现裂缝后，应尽快用土工膜、雨布等加以覆盖保护，不让雨水流入缝中，并加强观测。

② 进行险情判别，分析其严重程度。

③ 裂缝伴随有滑坡、崩塌险情的，应先抢护滑坡、崩塌险情，待险情趋于稳定后，再予处理。

(2) 漏水严重的横向裂缝，在险情紧急或水位猛涨来不及全面开挖时，可先在裂缝段临水面做前戗截流，再沿裂缝每隔 3～5 m 挖竖井并填土截堵，待险情缓和，再采取其他处理措施。

(3) 洪水期深度大并贯穿堤身的横向缝宜采用土工膜盖堵，并应符合下列规定：

① 土工膜铺设在临水堤坡，并在其上用土帮坡或铺压土袋。

② 背水坡用土工织物反滤排水。

③ 抓紧时间修筑横墙。

(七) 跌窝(陷)坑抢险

(1) 跌窝险情应根据其出险的部位及原因，按“抓紧翻筑抢护、防止险情扩大”的原则进行抢险。

(2) 抢险堤顶的跌窝，宜采用翻筑回填的方法，并应符合下列规定：

① 翻出跌窝内的松土，分层填土夯实，恢复堤防原状。

② 宜用防渗性能不小于原堤身土的土料回填。

③ 堤身单薄、堤顶较窄的堤防，可外帮加宽堤身断面，外帮宽度以保证翻筑跌窝时不发生意外为宜。

(3) 临水坡跌窝抢险,宜符合下列规定:

① 跌窝发生在临水侧水面以上,宜采用翻筑回填的方法进行抢险。

② 跌窝发生在临水侧水面以下且水深不大时,修筑围堰处理。

③ 跌窝发生在临水侧水面下且水深较大时,宜用土袋直接填实跌窝,待全部填满后再抛黏性土封堵、帮宽。

(4) 背水坡跌窝抢险,宜符合下列规定:

① 不伴随渗水或漏洞险情的跌窝,宜采用开挖回填的方法进行处理,所用土料的透水性能不小于原堤身土。

② 伴随渗水或漏洞险情的跌窝,宜采用填实滤料处理,并应在堤防临水侧截堵渗漏通道,清除跌窝内松土、软泥及杂物,用粗砂填实,渗涌水势较大时,可加填石子或块石、砖头、梢料等,待水势消减后再予填实。跌窝填满后,可按砂石滤层铺设方法抢护。

(八) 穿堤建筑物及其与堤防接合部抢险

(1) 穿堤涵闸发生损坏时,应及时关闭闸门,停止过水,有条件的应立即抢筑闸前围堰,并对涵闸进行抢险。

(2) 穿堤管道发生损坏时,应立即通知有关单位关闭阀门停止运行,并进行抢修。

(3) 穿堤涵闸与堤防接合部发生渗水时,应按"临水截堵,背水导渗"的原则进行抢险。

(4) 闸前修筑围堰应符合下列规定:

① 围堰绕过建筑物两端,将建筑物与堤防接合部围在其中。

② 围堰顶部超出临水侧水位约 1 m。

③ 根据水深、流速等条件采用土袋或散土等方法填筑,围堰临水坡宜采取防护水流冲刷的措施。

④ 填筑时宜确保新筑围堰与原堤防结合紧密。

(5) 闸后修筑养水盆应符合下列规定:

① 必要时,可在汛前预修翼堤,洪水到来前抢险横围堤,横围堤位于海漫外,高度根据洪水位等情况确定。

② 修筑横围堤前先关闭闸门,再清理横围堤与已修翼堤的接合部,然后分层填土压实。

③ 可在洪水到来前适当蓄水平压,洪水期宜加强观测。

(6) 穿堤管线与堤防接合部发生渗水时,应按"临水封堵、中间截渗、背水导渗"的原则进行抢险,并应立即关闭穿堤管道进口阀门。

(7) 充填灌浆截渗应采用速凝浆液充填,并符合《堤防工程养护修理规程》(SL 595—2013)附录 C 的规定。

(8) 抢险亦可采用塞堵、软帘盖堵、黏土截渗、反滤围井、反滤铺盖等方法进行。

(九) 防漫溢抢险

(1) 堤防和土心坝垛防漫溢抢险应符合下列规定:

① 根据洪水预报,估算洪水到达当地的时间和最高水位,按预定抢护方案,积极组织实施,在洪水漫溢之前完成抢险工作。

② 堤防防漫溢抢险应按"水涨堤高"原则,在堤顶修筑子堤。

③ 坝垛防漫溢抢险应按“加高止漫”原则，在坝垛顶部修筑子堤；按“护顶防冲”原则，在坝顶铺设防冲材料防护。

(2) 抢筑子堤应就地取材，全线同步升高，不留缺口，并应符合下列规定：

① 清除草皮、杂物，并开挖结合槽。

② 子堤应修在堤顶临水侧或坝垛顶面上游侧，其临水坡脚应距堤（坝）肩线 0.5～1.0 m。

③ 子堤断面应满足稳定要求，其堤顶应超出预报最高水位 0.5～1.0 m。

④ 必要时应采取防风浪措施。

(3) 在坝垛顶面铺设柴把护顶，宜符合下列规定：

① 在坝垛顶面前后各打一排桩，桩距坝肩 0.5～1.0 m。

② 柴把直径 0.5 m 左右，搭接紧密，并用麻绳或铅丝绑扎在桩上。

(4) 在坝垛顶面铺设柴料护顶，宜符合下列规定：

① 在坝垛顶面前后各打一排桩，桩距坝肩 0.5～1.0 m。

② 在两侧木桩间直接铺一层厚 0.3～0.5 m 的柴料，并在柴料上抛压块石。

(5) 在坝垛顶面铺设土工织物护顶，宜符合下列规定：

① 土工织物铺放于坝垛顶面，用桩固定。

② 在土工织物上铺放土袋、块石或混凝土预制块等重物。

③ 土工织物的长宽分别超过坝顶长宽 0.5～1.0 m。

（十）坍塌抢险

(1) 堤防坍塌险情抢险应按“护脚固基、缓流挑流”的原则进行，并应符合下列规定：

① 堤防坍塌抢险，宜抛投块石、石笼、土袋等防冲物体护脚固基。

② 大流顶冲、水深流急，水流淘刷严重、基础冲塌较多的险情，应采用护岸缓流的措施。

(2) 堤岸防护工程坍塌险情宜根据护脚材料冲失程度及护坡、土心坍塌的范围和速度，及时采取不同的抢险措施，并应符合下列规定：

① 护脚坡面轻微下沉，宜抛块石、石笼加固，并将坡面恢复到原设计状况；护脚坍塌范围较大时，可采用抛柴枕，土袋枕等方法抢险。

② 护坡块石滑塌，宜抛石、石笼、土袋抢险；土心外露滑塌时，宜先采用柴枕、土袋、土袋枕或土工织物软体排抢护滑塌部位，然后抛石笼或柴枕固基。

③ 护坡连同部分土心快速沉入水中时，宜先抛柴枕、土袋或柴石搂厢抢护坍塌部位，然后抛块石、石笼或柴枕固基。

(3) 采用块石、石笼、土袋抢险宜符合下列规定：

① 根据水流速度大小，选择抛投的防冲物体。

② 抛投防冲物体宜从最能控制险情的部位开始，随后向两边展开。

③ 块石的重量宜为 30～75 kg，水深流急处，宜用大块石抛投。

④ 装石笼做到小块石居中，大块石在外，装石要满，笼内石块要紧密匀称。

⑤ 土袋充填度宜不大于 80%，装土后用绳绑扎封口。

⑥ 抛于内层的土袋宜紧贴土心。

(4) 采用柴枕抢险宜符合下列要求：

① 柴枕长 5～15 m，枕径 0.5～1.0 m，柴、石体积比 2∶1，可按流速大小或出险部位调整用石量。

② 捆抛枕的作业场地宜设在出险部位上游距水面较近且距出险部位不远的位置。

③ 用于护岸缓流的柴枕宜高出水面 1 m，在枕前加抛撒石或石笼护脚。

④ 抛于内层的柴枕宜紧贴土心。

(5) 采用柴石搂厢抢险宜符合下列规定：

① 查看流势，分析上、下游河势变化趋势，勘测水深及河床土质，确定铺底宽度和桩、绳组合形式。

② 整修堤坡，宜将崩塌后的土体外坡削成 1∶0.5。

③ 柴石搂厢每立方米埽体压石 0.2～0.4 m^3，埽体着底前宜厚柴薄石，着底后宜薄柴厚石，压石宜采用前重后轻的压法。

④ 底坯总厚度 1.5 m 左右，在底坯上继续加厢，每坯厚 1.0～1.5 m。每加厢 1 坯，宜适当后退，做成 1∶0.3 左右的埽坡，坡度宜陡不宜缓，不宜超过 1∶0.5。每坯之间打桩连接。

⑤ 搂厢修做完毕后宜在厢体前抛柴枕和石笼护脚固根。

⑥ 柴石搂厢关键工序宜由熟练人员操作。

(6) 采用土袋枕抢险宜符合下列规定：

① 土袋枕宜用幅宽 2.5～3.0 m 的织造型土工织物缝制，长 3.0～5.0 m，高、宽均为 0.6～0.7 m。

② 装土地点宜设在靠近坝垛出险部位的坝顶，袋中土料宜充实。

③ 水深流急处，宜有留绳，防止土袋枕冲走。

④ 抛于内层的土袋枕宜紧贴土心。

(7) 采用土工织物软体排抢险宜符合下列规定：

① 织造型土工织物，按险情出现部位的大小，缝制成排体，也可预先缝制成 6 m×6 m、10 m×8 m、10 m×12 m 等规格的排体，排体下端缝制直径为 1 m 左右的横袋，两边及中间缝制直径 1 m 左右的竖袋，竖袋间距宜为 3～4 m。

② 两侧拉绳直径为 1.0 cm 的尼龙绳，上下两端的挂排绳分别为直径 1.0 cm 和 1.5 cm 的尼龙绳，各绳缆均宜留足长度。

③ 排体上游边宜与未出险部位搭接，软体排宜将土心全部护住。

④ 排体外宜抛土枕、土袋、块石等。

（十一）滑坡抢险

(1) 堤防滑坡险情抢险应按“减载加阻”的原则进行，并应符合下列规定：

① 在渗水严重的滑坡体上，应避免大量人员践踏。

② 在滑动面上部和堤顶，不应存放料物和机械。

③ 在滑坡抢护中，不应采用在滑坡体上打桩的方法。

④ 出现滑坡性裂缝时，不得采取灌浆方法处理。

(2) 堤岸防护工程发生护坡、护脚连同部分土心下滑或重力式挡土墙发生砌体倾倒的险情，其抢险宜符合下列规定：

① 发生“缓滑”，宜采用抛石固基及上部减载的方法抢险。

② 发生“骤滑”，宜采用土工织物软体排或柴石搂厢等保护土心，防止水流冲刷。

③ 发生倾倒，宜抛石、石笼或采用柴石搂厢抢险。

(3) 堤防背水坡滑坡险情，宜采用固脚阻滑的方法抢险，并应符合下列规定：

① 在滑坡体下部堆放土袋、块石、石笼等重物，堆放量可视滑坡体大小，以阻止继续下滑和起固脚作用为原则确定。

② 削坡减载。

(4) 堤防背水坡排渗不畅、滑坡范围较大、险情严重且取土困难的堤段宜抢筑滤水土撑，并符合下列规定：

① 可清理滑坡体松土并按《堤防工程养护修理规程》(SL 595—2013)附录D的规定开挖导渗沟。

② 土撑底部宜铺设土工织物，并用砂性土料填筑密实。

③ 每条土撑顺堤方向长 10 m 左右，顶宽 5～8 m，边坡 1∶3～1∶5，戗顶高出浸润线出逸点应不小于 0.5 m，土撑间距 8～10 m。

④ 堤基软弱，或背水坡脚附近有渍水、软泥的堤段，宜在土撑坡脚处用块石、砂袋固脚。

(5) 堤防背水坡排渗不畅、滑坡范围较大，险情严重而取土较易的堤段宜抢筑滤水后戗，并符合下列要求：

① 后戗长度根据滑坡范围大小确定，两端宜超过滑坡堤段 5 m，后戗顶宽 3～5 m。

② 施工应参照上款规定。

(6) 堤防背水坡滑坡严重、范围较大，修筑滤水土撑和滤水后戗难度较大，且临水坡又有条件的堤段，宜采用黏土前戗截渗的方法抢险，并符合抢筑截渗土戗的有关规定。

(7) 水位骤降引起临水坡失稳滑动的险情，可抛石或抛土袋抢护，并应符合下列规定：

① 先查清滑坡范围，然后在滑坡体外缘抛石或土袋固脚。

② 不应在滑动土体的中上部抛石或土袋。

③ 削坡减载。

(8) 采用抛石固基的方法抢险应符合下列要求：

① 出现滑动前兆时，宜探摸护脚块石，找出薄弱部位，迅速抛块石、柴枕、石笼等固基阻滑。

② 块石、柴枕、石笼等应压住滑动体底部。

第四节　水政及涉水项目管理

一、水政管理

(一) 水法规宣传

管理单位应制订年度水法规宣传计划，经常开展内容丰富、形式多种多样的水法规宣传。“世界水日”“中国水周”期间，管理单位应有计划地、有组织地开展宣传，平时巡查、执法要现身说法，以法服人。

（二）水政巡查

水政监察部门应制订年度巡查方案，包括巡查范围、重点、内容、周期、路线以及责任人和相关责任等。

采用日常巡查与不定期抽查相结合、重点巡查与一般巡查相结合的方式，可根据各类水事行为的特点增加巡查次数，重点地区可开展联合执法巡查。

水政巡查每周不少于 2 次，每次巡查人员一般不得少于 2 人。巡查人员对水事活动实施检查，应主动出示执法证件，严格按照法定权限和程序办事，文明用语，文明执法。严禁参加可能影响巡查办案的宴请和收受礼品，严禁酒后巡查执法。

执法巡查应建立台账。巡查人员应及时填写巡查记录，载明巡查人员、路线、内容、方式、发现的问题及处理情况。

对水政管理设施定期进行检查与维护，范围桩（牌）、安全警示牌等检查维护记录齐全。

实行水政巡查报告制度，巡查中发现的问题应在 24 小时内向上级主管部门报告，并提出初步处理意见。按要求及时统计上报水政巡查月报表。

水政巡查重点内容为：

（1）管理范围内有无建房、挖土、垦种、埋坟、砍伐、毁坏护堤林木等行为。

（2）行洪道内有无设置拦河障碍物，在湖泊、河道水域内有无圈圩、采砂、取土等行为。

（3）有无侵占水工程设施及其管理范围，毁坏防汛、水文、水土保持等工程设施的行为。

（4）有无倾倒、填埋垃圾和有毒有害物质，排放废水等行为。

（5）工程安全警戒区内有无渔业养殖、捕（钓）鱼、停泊船舶、建设水上设施等行为。

（6）界桩、界牌、水政宣传牌等水政管理设施是否完好。

（7）有无其他违反水法规的和危害水工程安全的行为。

（三）违法行为处置

对巡查中发现的侵占、破坏或损坏水利工程的各类水事违法案件应及时采取有效措施进行制止；不听制止的，应及时报告并立案处理。

纠正违法行为，应当坚持处罚与教育相结合，教育公民、法人或者其他组织自觉守法。

管理单位协助按程序开展水事案件查处，包括初步调查程序、水行政执法案件立案程序、水行政案件调查程序、水行政执法案件调查终结程序、水行政执法案件执行程序。

二、涉水项目管理

（一）参与建设项目施工前工作

涉水项目根据权限划分为省、市、县水行政主管部门和水利部流域机构行政许可，所有涉水项目均需按照行政许可有关要求办理行政许可手续，经行政许可审批同意后方能实施。

管理单位应积极配合各级水行政主管部门和水利部流域机构做好涉水项目行政许可的论证和审查工作。

行政审批同意后、建设项目开工前，管理单位应督促建设单位申报施工方案和补偿工程方案。

管理单位协助主管部门依据《行政许可决定书》，对建设方案和补偿工程方案进行审查。

（二）办理占用手续

项目开工前，管理单位根据行政许可要求及有关规定，督促涉水项目建设单位办理占用或取土等手续后，方能允许其实施；与建设单位签订涉河建设项目管理协议，督促建设单位缴纳资源补偿费用。

堤防管理单位参与对施工范围的四至坐标进行现场放样测量。项目建设方、施工方共同参加，签字确认。

（三）建设过程跟踪检查

项目实施期间，管理单位督查建设单位在建设项目现场设立监管责任公示牌；督促施工单位保护堤防、堤岸防护工程及管理设施，不得乱占、乱排。督促建设单位实施堤防防洪影响补偿工程。

管理单位参与安全度汛预案审查，确保工程进度和现场措施满足度汛要求。

涉水项目实施期间管理单位应按照各级水行政主管部门或水利部流域机构行政许可意见和有关法规要求实施监督，并加强巡视检查。对违反水行政许可的，管理单位及时督促整改，必要时报告、协助立案查处。巡查内容主要如下：

（1）涉水项目的运行有无影响河道堤防工程及设施的完好和安全。

（2）涉水项目有无未经许可的改建、扩建行为和涉水有关活动。

（3）涉水项目的运行有无污染和破坏环境行为。

（4）涉水项目所占用水利工程及设施有无损坏、老化。

（5）行洪期间建设单位占用范围有无人员看守巡查，有无备足相应防汛物料。

管理单位应对涉水项目的监管和巡视检查做好记录，每个涉水项目均应单独建立档案。

涉及涉水项目的方案变更事项，应先责令项目停止实施，并督促建设单位向原许可单位申请变更，经原许可单位同意后方能允许其继续实施。

（四）参与项目验收

涉水项目完工后，必须由原行政许可单位和各级水行政主管部门及堤防工程管理单位参加验收，验收合格后才能投入使用。

管理单位应督促建设单位清理堤防工程现场，收集项目验收资料、归档。

（五）项目运行后续管理

涉水项目建成运行后，项目所占用的水利工程维修养护和防汛责任由建设单位承担；项目所在地的堤防工程管理单位应加强管理和指导，并将其纳入工程正常巡查内容，发现问题及时告知建设单位，并督促其整改。

项目运行期间，管理单位督促建设单位定期开展安全监测。

发现涉河建筑物可能存在危害堤防工程安全的问题时，管理单位应及时通知涉水项目管理单位进行处理，并跟踪监督。

第五节 标志标牌管理

一、编制方案

工程建成后，在堤防、堤岸防护工程、穿堤建筑物及附属设施的适当部位，应设置必要的标志标牌。堤防工程标志标牌分为工程管理、水行政管理、安全生产、其他4类。

每年汛前，管理单位应检查标志标牌情况，根据其缺损情况和管理新要求，制订标志标牌完善方案。

标志标牌上宜设置二维码，便于社会公众查询相关信息。

(一) 工程管理类

1. 里程碑、百米桩

沿堤防工程全程，应从起点到终点，依序进行计程编码，埋设永久性千米里程碑。每2个里程碑之间，依序埋设计程百米断面桩。

里程碑、百米桩的风格、材质应统一，其埋设位置、材料、尺寸等见表3-2。

表3-2 里程碑、百米桩设置参考标准

名称	安装位置	标注主要内容	材质	尺寸(mm)
里程碑	堤顶迎水侧堤肩线边	堤防名称及千米数	新鲜坚硬料石材或预制混凝土标准构件	横截面150×300，高1 000
百米桩	里程碑之间	百米数	同上	横截面150×150，高800

注：断面较大的复式堤防，应在迎水面、背水面合适位置对应布设。

2. 限行装置

堤防工程沿线与交通道路交叉的道口，为保护堤顶道路免受超载货车碾压损坏，应设置限行装置(原称禁行杆、拦车卡)。

堤防工程管理单位应加强限行装置的安全管理，宜配套设置限高、限速、减速带等辅助交通管理标志标牌，夜间设置照明灯，避免对过往群众造成意外伤害。

限行装置及辅助交通管理标志标牌设置位置、材质、尺寸等见表3-3。

表3-3 限行装置设置参考标准

名称	安装位置	标注主要内容	材质	尺寸(mm)
限行杆	堤顶道路或上堤道路入口	/	钢管	横杆，净高约2 100；宽与堤顶宽度适应
限高	限行杆及堤顶入口	通行高度的数字	铝板裱反光膜刻字	圆形，直径600

续表

名称	安装位置	标注主要内容	材质	尺寸(mm)
限重	限行杆及堤顶入口	控制荷载的数字	铝板裱反光膜刻字	圆形,直径 600
限速	限行杆及堤顶入口	控制速度的数字	铝板裱反光膜刻字	圆形,直径 600
减速带	限行杆及堤顶入口	/	橡胶	按交通标准设置

3. 界桩、界牌

沿堤防全程、堤防工程管理范围内,不同管理单位堤段分界处以及与地方乡镇的交界处,应设立界桩、界牌。

分界牌安装位置、内容、材质、尺寸等见表 3-4。

表 3-4 分界牌设置参考标准

名称	安装位置	标注主要内容	材质	尺寸(mm)
界桩	分界线拐点和沿分界线布设	水利标志、水利工程名、管理范围线、编号以及“严禁破坏”“严禁移动”等内容	钢筋混凝土	高 1 000,横截面 100×100
界牌	分界线上人群集散处	水利标志、水利工程名、管理范围线、编码等	不锈钢	面板高 500,宽 400
告示牌	人群集散处	告示牌正面为政府告示,反面为水法规摘选	不锈钢	面板宽 1 500,高 1 000

注:本表摘自《江苏省河湖管理范围和水利工程管理与保护范围划定技术规定(试行)》。

4. 险工险段工程标牌

堤防工程险工险段包括存在病险问题、不良地基(淤土、膨胀土等)、历史决口、曾经防汛抢险等堤段,应设置警示标牌,作为堤防工程检查、观测、防汛等管理重点。

险工险段工程标牌安装位置、内容、材质、尺寸等见表 3-5。

表 3-5 险工险段工程标牌设置参考标准

名称	安装位置	标注主要内容	材质	尺寸(mm)
险工险段工程标牌	存在病险问题、不良地基、历史决口、曾经防汛抢险等堤段	存在的主要问题、历史抢险情况、管理单位、联系电话等	铝板裱反光膜刻字	面板宽 2 000,高 1 500

5. 工程简介牌

堤防工程应设置工程简介牌,标明堤防工程概况、断面等属性信息,引导社会公众关心水利工作,保护堤防工程。

工程简介牌安装位置、标注主要内容等见表 3-6。

表 3-6 工程简介牌设置参考标准

名称	安装位置	标注主要内容	材质	尺寸(mm)
工程简介牌	堤防入口、人员集散处	工程位置、长度、等级、功能等	铝材、塑料贴纸	面板宽 3 000,高 2 000
工程断面示意图	堤顶醒目处	断面图、工程简介	铝材、塑料贴纸	面板宽 2 000,高 1 500

6. 其他管理标牌

根据堤防工程技术管理相关规定,管理单位应设置防汛块石、砂石、管理责任、观测设施、水利风景区、水文化遗产等管理标牌,参考标准见表 3-7。

表 3-7 工程管理其他标牌设置参考标准

名称	安装位置	标注主要内容	材质	尺寸(mm)
管理责任牌	堤防入口、管理分界处、人群集散处	堤段范围、责任单位及责任人、联系电话等	铝材、塑料贴纸	面板宽 1 200,高 900
防汛块石、砂石标牌	防汛块石、砂石旁醒目位置	编号、数量、管护责任主体等	铝材、塑料贴纸	面板宽 900,高 600
观测设施标志	国家级水准点、工作基点、观测标点、测压管等	名称、编号	不锈钢、刻字	面板宽 100,高 70
水利风景区标牌	景区入口处、人员集散处	水利风景区标志	不锈钢、刻字	面板宽 800,高 600
水文化遗产标志	古坝址、古建筑遗址、历史决口处等	工程简介	铝材、塑料贴纸	面板宽 2 000,高 1 500

(二) 水行政管理类

1. 水法规宣传牌

堤防工程战线长,分布广,管理与保护难度大。管理单位应沿堤防工程布设水法规宣传标牌,内容主要为《中华人民共和国水法》《中华人民共和国防洪法》《江苏省水利工程管理条例》《江苏省河道管理条例》等法规摘选。

水法宣传牌安装位置、标注主要内容等见表 3-8。

表 3-8 水行政管理标识标牌设置参考标准

名称	安装位置	标注主要内容	材质	尺寸(mm)
水法规宣传牌	堤防入口、人员集散处	《中华人民共和国水法》《中华人民共和国防洪法》《江苏省水利工程管理条例》《江苏省河道管理条例》等水法规摘选	铝材、塑料贴纸	面板宽 2 000,高 1 500
堤防保护警示牌	堤顶、堤前等人员集散处	禁止取土、打井、放牧、垦种、埋葬、乱伐树木、挖掘、倾倒、烟火等	铝材、塑料贴纸	面板高 400,宽 300

续表

名称	安装位置	标注主要内容	材质	尺寸(mm)
疫区、危险区警示牌	堤防入口、人员集散处	血吸虫病疫区,防范措施;重大风险概况,预防措施等	铝材、塑料贴纸	面板宽 1 200,高 900
涉河建设项目公示牌	涉河建设项目醒目位置	行政许可文号、批准建设内容、建设单位、监管要求等	铝材、塑料贴纸	面板宽 2 000,高 1 500

2. 堤防保护警示牌

《江苏省水利工程管理条例》第八条,对堤防上禁止的扒口、取土、打井、挖坑、埋葬、建窑、垦种、放牧和毁坏块石护坡、林木草皮等行为,规定应设置堤防保护警示标牌,提醒上堤群众保护堤防工程。

堤防保护警示牌安装位置、标注主要内容等,参见表 3-8,图例参见图 3-1。

禁止标志图例

警告标志图例

指令标志图例

提示标志图例

图 3-1　安全标志图例

3. 疫区、危险区警示牌

血吸虫疫区,应设置疫区警示牌,提醒上堤群众注意预防,禁止下河游泳。

存在重大安全风险的堤段,应设置危险区警示牌,提醒上堤群众注意防范。

存在涉河建设项目工程现场应设置公示牌。

疫区、危险区警示牌安装位置、标注主要内容等,参见表 3-8。

(三) 安全生产类

堤防工程管理单位根据堤防工程实体、养护维修现场、管理行为等危险源编制及安全风险分析结果,依据《安全标志及其使用导则》(GB 2894-2008),应设置禁止标志、警告标志、指令标志、提示标志及自行设计安全标志标牌。

1. 禁止标志

禁止标志是禁止人们不安全行为的图形标志。《安全标志及其使用导则》(GB 2894—2008)规定的禁止标志 40 个,设置参考标准见表 3-9,图例见图 3-2。

表 3-9 禁止标志设置参考标准

场所	存在危险隐患，需要禁止某些不安全行为的地方
图形	禁止标志的几何图形是带斜杠的圆环，其中圆环与斜杠相连，用红色；图形符号用黑色，背景用白色
标准	1. 制作长方形标志牌，明确禁止内容及图案； 2. 禁止性标志牌应悬挂或张贴在进入该区域前可以正视的地方； 3. 样式：执行《安全标志及其使用导则》(GB 2894—2008)； 4. 规格：一般为高 400 mm×宽 300 mm； 5. 材料：坚固耐用的材料制作，如 PVC、铝材、塑料贴纸或纸质彩色打印塑封，有触电危险的作业场所，应使用绝缘材料

堤防工程管理单位常用的禁止标志：禁止吸烟(防汛仓库、档案室、配电房等)、禁止烟火(防护林区、草皮护坡区、档案室等)、禁止靠近(变压器及高压线路等)、禁止入内(配电房等)、禁止通行(防汛道路施工期间等)、禁止游泳(血吸虫疫区、安全警戒区内等)。

2. 警告标志

警告标志是提醒人们对周边环境引起注意，以避免发生危险的图形标志。GB 2894 规定的警告标志 39 个，设置标准见表 3-10。

表 3-10 警告标志设置参考标准

场所	存在危险隐患，需要提出警告的地方
图形	禁止标志的几何图形是黑色三角形、黑色符号和黄色背景
标准	1. 制作长方形标志牌，明确警告性内容及图案； 2. 警告性标志牌应悬挂或张贴在显眼的地方； 3. 样式：执行《安全标志及其使用导则》(GB 2894—2008)； 4. 规格：一般为高 400 mm×宽 300 mm； 5. 材料：坚固耐用的材料制作，如 PVC、铝材、塑料贴纸或纸质彩色打印塑封；有触电危险的作业场所，应使用绝缘材料

堤防工程管理单位常用的警告标志：当心火灾(配电房、档案室、防汛仓库、食堂、办公室等)、注意安全(施工现场、穿堤建筑物临边等)、当心触电(配电房、开关柜等)、当心塌方(土方施工形成的深坑等)、当心滑倒(迎水护坡、台阶等)、当心落水(河岸边、穿堤建筑物等)。

3. 指令标志

指令标志是指示人们必须做出某种动作或采取防范措施的图形标志。GB 2894 规定的指令标志 16 个，设置标准见表 3-11。

堤防工程管理单位常用的指令标志：必须戴安全帽(施工现场等)、必须戴护耳器(柴油发电机房等)、必须穿救生衣(水上作业等)、必须接地(配电房、变压器等)、必须拔出插头(停用设备等)等。

表 3-11 指令标志设置参考标准

场所	存在危险隐患，需要指示人们必须做出某种动作或采取防范措施的地方
图形	指令标志的几何图形是圆形，蓝色背景，白色图形符号
标准	1. 制作长方形标志牌，明确指令性内容及图案； 2. 在必须穿着或设置保护用品的地方悬挂相应的指令性标志； 3. 样式：执行《安全标志及其使用导则》(GB 2894—2008)； 4. 规格：一般为 400 mm×300 mm； 5. 材料：坚固耐用的材料制作，如 PVC、铝材、塑料贴纸或纸质彩色打印塑封；有触电危险的作业场所，应使用绝缘材料

4. 提示标志

提示标志是向人们提供某种信息（如标明安全设施或场所等）的图形标志。GB 2894 规定的禁止标志 8 个，设置要求参见表 3-12。

表 3-12 提示标志设置参考标准

场所	需要向人们提供某种信息（如标明安全设施或场所等）的地方
图形	提示标志的几何图形是正方形，绿色背景，白色图形符号
标准	1. 制作长方形标志牌，明确提示内容及图案； 2. 在安全设施、安全场所、安全通道等处设置； 3. 样式：执行《安全标志及其使用导则》(GB 2894—2008)； 4. 规格：一般为 400 mm×300 mm，带有方向辅助标志、文字辅助标志且观察距离较近时，尺寸可缩小； 5. 材料：坚固耐用的材料制作，如 PVC、铝材、塑料贴纸或纸质彩色打印塑封

堤防工程管理单位常用的提示标志：紧急出口（管理房等）等。

5. 自行设计安全标志

堤防工程管理单位还可针对实际情况，参照其他有关标准，自行设计制作、安装安全标志作为补充，设置标准见表 3-13。

表 3-13 自行设计安全标志设置参考标准

名称	安装位置	标注主要内容	材质	尺寸(mm)
入口安全告知牌	管理房或变配电区域入口处	场所存在的安全风险及管理要求	不锈钢、玻璃	面板高 1 800，宽 500
安全警示带	贴于楼梯、台阶踏步第一级和最后一级的踏面边缘和踢脚上部，孔洞周围	无	PVC 胶带	宽 50
监控提醒牌	管理区入口处	友情提醒：您已进入全天候监控区！	铝板贴反光膜	面板宽 1 000，高 800
安全隔离栏	需要隔离区域	无	不锈钢	高 1 000

续表

名称	安装位置	标注主要内容	材质	尺寸(mm)
重大危险源告知牌	重大危险源区域显著位置	危险源名称、危害、防范措施、安全标志、监控责任人等	KT板	面板宽2 000，高1 500
职业危害告知牌	存在职业危害的场所醒目位置	危害因素名称、危害信息、理化特性、警告标志、急救处理措施、防护措施等	KT板	面板宽1 100，高900

（四）其他类

1. 文明宣传标牌

文明宣传标牌包括绿化文明宣传、节水宣传、环境卫生宣传等的标牌，设置标准见表3-14。

表3-14 文明宣传标牌设置参考标准

名称	安装位置	材质	颜色	尺寸(mm)
绿化文明宣传	安装于绿化、苗圃内醒目位置	不锈钢框架，面贴写真纸	铝框，白底绿字	面板宽400，高260
节水宣传	卫生间门口，洗漱池上面醒目位置	亚克力板	蓝底白字	面板宽300，高200
卫生宣传	卫生间小便池上部	亚克力板	白底蓝字	面板宽300，高200

2. 导向标志

导向标志包括指示标志、功能间标志。指示标志设置标准见表3-15；功能间标志设置标准见表3-16。

表3-15 指示标志设置标准

名称	安装位置	材质	尺寸(mm)
上下楼梯	在楼梯道进出口及拐角处设置“上下楼梯”标志，离地200 mm	铝合金	面板宽180，高180
推拉指示	各类常用门设置“推”“拉”标志，贴在门把手中心线上方50 mm处，推、拉成对使用	PVC材质	面板宽80，高100

表3-16 功能间标志设置参考标准

名称	安装位置	材质	尺寸(mm)
门牌	控制室门口处	铝牌	面板宽300，高120
工作人员去向牌	办公室门口	铝牌	面板宽500，高度根据人员数确定

二、制作安装

管理单位根据标志标牌设置方案，委托专业单位制作标志标牌，并及时安装在预定的工程位置。

各类标志标牌规格和安装位置应规范统一，做到内容正确、布局合理、外观醒目、固定牢靠，一般不宜使用遇水易变形、变质或易燃的材料。

三、维护更新

堤防工程管理单位应建立标识标牌管理台账，及时开展检查、养护和维修。

标志标牌歪斜时，应及时扶正。标志标牌内容掉色、污损时，应及时更新。

里程桩、百米桩、界桩、界牌、警示牌、宣传牌等标志标牌应经常维护，保持稳固、端正、完好、清晰、清洁，铁件无锈蚀。

限行装置完好，标志醒目，横杆、立柱贴有反光膜，或设有照明、警示灯，铁件定期除锈、油漆，转动部位涂抹润滑脂，锁具防锈保护。

第六节　技术档案管理

堤防工程管理单位应及时收集工程管理活动中形成的技术资料、图表，整理归档，形成系统的技术档案，使堤防工程管理活动可追溯。

工程技术资料图表内容应真实、详细、完整、准确、系统，能准确地反映工程建设、管理的全过程，真实记录技术数据，体现技术要素，反映技术问题解决的情况及仍存在的问题等。

资料图表应符合以下质量要求：字迹清楚、图样清晰、图表整洁、签字手续完备；永久、长期保存的文件不使用易褪色的书写材料（红色水、圆珠笔，复写纸，铅笔等）书写、绘制；复印打印文件及照片的字迹、线条和影像的清晰及牢固程度应符合设备标定质量；录音、录像文件应保证载体的有效性、可靠性。

堤防工程管理单位应设立专门的档案室，按规定要求进行档案的整理、排序、装订、编目、编号、归档，确定保管期限，应按档案保存要求采取防霉、防虫、防小动物、防火、避光等措施。

一、档案收集

（一）工程建设技术文件资料

工程建设技术文件是指工程立项审批、勘察、设计、招投标、施工、验收等工程建设全过程中形成的文字、图表、声像等全部文件。

工程建设技术文件包括：可行性研究报告、设计基础资料、设计文件、项目建设管理文件、施工文件、监理文件、工艺设备文件、运行技术准备及试运行文件、科研项目、涉外文件、生产技术准备及试生产文件、财务器具管理文件、竣工验收文件等。

工程扩建、加固、改造建设时，工程建设管理单位应积极收集项目全过程中形成的工程技术文件，应在设计合同、施工合同、监理合同中明确需移交管理单位的文件套数。

工程建设技术文件的收集，按照《江苏省水利厅基本建设项目(工程)档案资料管理规定》(苏水办〔2003〕1号)的要求，从工程立项开始随工程进程同步进行。

(二) 工程管理技术文件和图表资料

工程管理技术文件是指工程建成后的工程检查、运行、维修等工程管理全过程中形成的文字、图表、声像等各类文件。

1. 技术文件

堤防工程管理形成的主要技术资料清单(参考)，见表3-17。需要说明的是，堤防工程管理单位还应收集以下文件资料：相关的法律法规、技术标准(国家、行业、地方和企业标准)和相关规定；闸、站等穿堤建筑物的相关建设管理资料；流域水系图、相关科研成果等工程管理技术资料。

表3-17 堤防工程管理形成的主要技术资料清单(参考)

序号	任务名称	技术资料名称	包含的主要技术要素	备注
1	检查与观测			
1.1	工程检查	日常检查记录簿	检查日期、内容、存在问题、处理意见、检查人签字等	按年分类形成
		定期检查方案、检查组织、检查记录、检查分析报告	检查分析报告包括工程概况、年度工程管理情况、汛前准备情况、工程检查设备保养观测试验情况、新技术新设备运用情况、检查发现的主要问题及处理等	
		特别检查报告	天气概况、检查组织情况、查出问题汇总分析、问题应急处理情况等	
		隐患探测报告	工程概况、地质概况、堤身状况、堤基工程地质特征、场地与地基的地震效应、堤身隐患探查工作及堤身评价、结论与建议等	
1.2	工程观测	工程观测原始数据	测压管观测手簿、垂直位移观测原始数据、水准仪器 i 角校验记录等	按年形成
		年度工程观测资料整编成果汇编	批复的观测任务书、观测工作说明、工程简介、年度工程管理大事记、垂直位移、测压管等观测成果汇编、仪器检定报告等	
2	养护与修理			
2.1	工程养护	工程养护管理卡	分季度养护计划、养护实施方案、养护项目采购、项目实施过程监管、项目结算验收	按年形成
2.2	维修项目管理	维修项目管理卡	维修项目批复文件、实施方案、项目采购文件、项目合同文件、项目实施过程监管、项目结算审计、项目阶段验收、合同验收和竣工验收等	按项目建立

续表

序号	任务名称	技术资料名称	包含的主要技术要素	备注
2.3	植物防护工程管理	林木更新台账	伐区调查设计(申请书)、林木采伐许可证、采伐过程记录等	采伐时产生
2.4	害堤动物防治	年度防治计划	防治组织机构、防治时间计划、防治范围、防治方法、隐患处理等	按年建立
		年度防治报告	工程概况、防治组织机构、隐患汇总分析、防治方法、隐患处理等	
2.5	管理设施及抢险物料管理	信息化系统运行值班记录簿	时间、信息化系统检查内容、异常原因及处理情况、值班人员签名等	按年形成
		防雷(静电)装置检测报告	基本信息汇总、检测点平面示意图、建筑物防直击雷、屏蔽、等电位及接地电阻值报告、结论等	
		电气试验报告	变压器预试报告、接地电阻测量预试报告、仪表校验报告、电气绝缘工具试验报告等	
3	安全管理			
3.1	安全评价	安全评价报告	工程概况、基础资料情况、运行管理评价、工程质量评价、防洪标准复核、渗流安全性复核、结构安全性复核、工程安全综合评价等	按项目编制
3.2	安全生产管理	安全生产管理台账	目标职责、制度化管理、教育培训、现场管理、安全风险管控及隐患排查治理、应急管理、事故管理、持续改进 8 个部分	按年建立
3.3	防汛管理	防汛防旱组织机构	领导机构、职责分工等	按年形成
		应急预案及演练报告	应急预案:总则、组织指挥体系及职责、预防和预警机制、工程基本情况、应急响应、预案修订、奖励与责任追究等 演练报告:时间、方案、过程记录、存在不足等	
		巡堤查险记录	巡查日期、内容、存在问题、处理意见、巡查人签字等	
		防汛物料台账	防汛物料出入库登记簿、物资清单、检查和维护保养记录等	
		防汛值班记录簿	时间、汛情记录(上下游水位、河湖流量等)、调度指令执行情况(指令内容、指令处理)、应急事项处理情况、交接班情况、值班人签字等	
4	水政及涉水项目管理	涉河建设项目管理台账	涉河建设项目行政许可批文、建设项目施工方案、施工图纸、项目建设过程施工监管记录(图片)、项目验收资料、堤防占用资源补偿协议等	按项目建立

续表

序号	任务名称	技术资料名称	包含的主要技术要素	备注
5	标志标牌管理	标志标牌管理台账	标志标牌数量、位置、类别、内容、规格材质等	按年形成
6	技术档案管理	档案管理台账	档案移交表、借阅档案登记簿、档案室温湿度测定登记簿、科技档案案卷及卷内目录、文档目录等	按年建立

2. 技术图表

工程管理技术图表是工程勘测、规划、设计、施工、建设管理、更新改造、维修养护、运行管理、防汛抢险等过程中产生的各类图表。

技术图表应真实反映工程状况和管理状况，当工程状况和管理状况发生变化时应及时更改。

明示的技术图表应内容正确、表达规范、清晰美观、位置合理，污损、陈旧的应及时更新。

依据《江苏省堤防工程技术管理办法》相关规定，结合江苏省堤防工程管理调研情况，编制堤防工程管理形成的主要技术图表清单(参考)见表 3-18。

表 3-18　堤防工程管理形成的主要技术图表清单(参考)

序号	任务名称	技术图表名称	包含的技术要素	备注
1	检查与观测			
1.1	工程检查	经常检查记录表	检查内容、检查发现的问题、处理情况、检查时间、检查人员签字等	
		定期检查表	检查内容、发现的问题、处理意见、检查时间、检查人员签字等	
1.2	工程观测	垂直位移观测标点位置示意图	工程名称、垂直位移观测标志数量、分布位置等	根据主管部门下达的观测任务书确定
		垂直位移观测线路示意图	工作基点、转点、观测标点等	
		垂直位移量分布图	垂直位移量、分布位置等	
		测压管位置示意图	测压管数量、分布位置等	
		测压管管口高程考证观测线路示意图	工作基点、转点、观测标点等	
		测压管考证表	编号、埋设日期、埋设位置、基础情况、观测日期、管口高程等	
		测压管水位统计表	观测时间、水位、测压管水位等	
		测压管水位过程线	上游水位、测压管水位、下游水位等	
		垂直位移观测成果表	始测日期、测点、始测高程、上次观测日期及高程、本次观测日期及高程、间隔位移量、累计位移量、间隔时间等	

续表

序号	任务名称	技术图表名称	包含的技术要素	备注
2	养护与维修			
2.1	工程养护	养护记录表	养护部位、养护内容、养护施工人员、养护结算等	归入养护台账
2.2	维修项目管理	工程维修项目设计图	工程维修项目平面、剖面、结构设计图等	经主管部门审查同意
		工程进度月报表	单位名称、工程形象进度、财务结算进度、完成内容等	接受主管部门监督
3	害堤动物防治	白蚁活动痕迹分布图	发现的白蚁活动位置、危害情况等	
4	管理设施及防汛物料管理	视频监视系统拓扑图	视频监视系统设备、信息传输过程等	上墙明示
		设备维修保养卡	时间、维修养护内容、存在问题、责任人等	张贴在设备醒目位置
5	安全管理			
5.1	安全生产管理	安全检查记录表	检查时间、检查部位、发现问题、处理情况、检查人签字等	归入安全台账
5.2	防汛管理	防汛块石分布示意图	块石分布位置、块石总量等	上墙明示，每年更新
		防汛物资分布图	物资代储点、物资调运路线等	
		险工险段分布图	险工险段具体位置、存在问题等	
6	水政及涉水项目管理	水政巡查记录表	巡查日期、巡查人员、巡查堤段、巡查内容、发现问题及处理意见、单位名称、巡查人员及单位责任人签名等	根据行政许可文件确定
		水行政执法巡查月报表	巡查人次、巡查次数，发现的违章建筑、违章圈圩、违章占用、违章种植、违章凿井、网箭、违章坝埂道等数量统计，案件查处、案件受理、案件类型及案件执行情况等	
		涉水建设项目管理巡查记录及整改意见表	项目名称、建设地点、建设单位、开工时间、施工单位、巡查单位、巡查日期、巡查人员、巡查情况及存在问题、处理意见、检查单位参加人员签名、被检查单位参加人员签名等	
		建设项目红线图	项目名称、位置、四至范围等	
7	技术档案管理	档案工作分类图	档案室名称、档案类别等	上墙明示
		档案管理网络图	档案管理人员名单、分工等	

二、档案归档

（一）组卷

文件整理应按项目进行，要求文件完整、准确、系统，字迹清楚、图面整洁、签字手续完备，图片、照片等应附相关情况说明。

1. 文书文件组卷

文书文件组卷要遵循文件材料形成规律的特点，保持文件之间的有机联系，区别不同价值，以便于管理和利用。

归档的文件材料种类、份数以及每份文件的页数应齐全完善。每份文件的正件与附件、印件与底稿，请示与批复，转发文件与原件，多种文字形成的同一份文件应放在一起，文电应合一立卷。不同保管期限的文件应分别立卷。

2. 工程技术文件组卷

工程技术文件组卷要遵循项目文件的形成规律和成套性特点，保持卷内文件的有机联系；分类科学，组卷合理；法律性文件手续齐备，符合档案管理要求。

工程建设项目按《江苏省水利厅基本建设项目（工程）档案资料管理规定》的要求组卷。项目施工文件按单项工程或装置、阶段、结构、专业组卷；设备文件按专业、台件等组卷；管理性文件按问题、时间或依据性、基础性、项目竣工验收文件组卷；设计变更文件、工程联系单、监理文件按文种组卷，原材料试验按单项工程组卷。

工程管理按类别、年份、项目分别组卷，卷内文件按时间、重要性、工程部位、设施、设备排列；一般文字在前，图样在后；正件在前，附件在后；印件在前，定稿在后。

案卷及卷内文件不重份，同一卷内有不同保管期限的文件，该卷保管期限按最长的时间确定。

（二）编目

1. 案卷页号编写

有书写内容的页面均应编写页号，单面书写的文件页号编写在右上角，双面书写的文件，正面编写的文件页号在右上角，背面编写的文件页号在左上角。

图纸的页号编写在右上角或标题栏外左上方，成套图纸或印刷成册的文件，不必重新编写页号。

各卷之间不连续编页号。卷内目录、卷内备考表不编写页号，不编入目录。

2. 卷内目录

卷内目录主要由序号、文件编号、责任者、文件材料题名、日期、页号和备注等组成。

3. 卷内备考表

卷内备考表主要用于注明卷内文件和立卷状况，包括卷内文件的件数、页数，不同载体文件的数量；立卷人、检查人及立卷时间等组卷情况；反映同一内容而形式不同且另行保管的文件档号的互见号。

卷内备考表排列在卷内文件之后。

4. 案卷封面

案卷封面主要内容有案卷题名、立卷单位、起止日期、保管期限、密级、档案号等；案卷脊背，填写保管期限、档案号和案卷题名或关键词；保管期限可采用统一要求的色标，红色代表永久，黄色代表长期，绿色代表短期；需移送上级单位的档案，案卷封面及脊背的档案号暂用铅笔填写。

（三）装订

1. 装订

文字材料可采用整卷装订与单份文件装订 2 种形式，图纸可不装订，同一项目所采用的装订形式应一致；文字材料卷幅面应采用 A4 型（297 mm×210 mm）纸，图纸应折叠成 A4 大小，折叠时标题栏露在右下角；原件不符合文件存档质量要求的可进行复印，装订时复印件在前，原件在后。案卷应采用棉线装订，卷内不应有金属物。

2. 不装订

单份文件装订、图纸不装订时，应在卷内文件首页、每张图纸上方加盖、填写档号章；档号章内容有：档号、序号。

卷皮、卷内表格规格及制成材料应符合规范规定。

（四）目录

1. 案卷目录

案卷目录内容有：案卷号、案卷题名、起止日期、卷内文件张数、保管期限等。

案卷号：案卷号填写“档案室编”栏内。

案卷题名：填写案卷封面编写的题名。

起止日期：起止日期应用 8 位编码方式填写，以起始日期最早的卷内文件为案卷起始日期，以终止日期最晚的卷内文件为案卷终止日期。

卷内文件张数：卷内文件有书写内容编写页号的页面均应统计张数，卷内文件张数不含卷内目录和卷内备考表。

保管期限：以卷内文件保管期限最长的保管期限作为案卷保管期限。

2. 全引目录

全引目录内容有：案卷号、目录号、保管期限、案卷题名及卷内目录的内容。

（五）归档

1. 资料整理归档时间

堤防工程管理单位形成的技术资料，应及时跟踪整理，一般每年年底至第二年年初集中整理，4 月 1 日前移交综合档案室。

工程建设档案由工程建设管理单位按《江苏省水利厅基本建设项目（工程）档案资料管理规定》执行。

2. 档案审查及验收

堤防工程管理形成的技术资料，应经单位技术负责人审查。工程检查、观测、养护维修项目管理等技术资料，应按程序报上级主管部门审查同意后归档。

工程建设技术文件应在工程验收交接前完成收集、整理，通过档案专项验收。建设单位应在工程竣工验收后3个月内，向工程管理单位移交工程建设技术文件。档案移交应办理移交手续。

三、档案保管

（一）档案室

档案室温度以14℃～24℃为宜，相对湿度控制在45%～60%。室内温湿度宜定时观测并记录，并根据温湿度变化进行控制调节。

档案柜架应与墙壁保持一定距离，垂直于有窗的墙面摆设，便于通风降湿。

新建房屋竣工后，应经6～12个月干燥方可作为档案室将档案入库。

档案室不宜采用自然光源，有外窗时应有窗帘等遮阳措施。档案室人工照明光源应选用白炽灯或白炽灯型节能灯，并罩以乳白色灯罩。

档案室应定期检查电器线路，严禁明火装置和存放易燃易爆物品。

（二）日常保管

档案保管要求防霉、防蛀，档案柜应放置档案专用除虫驱虫药剂，并选择干燥天气进行通风。

档案室应设置借阅登记簿，借阅时应履行借阅手续，借阅时间一般不应超过10 d，逾期借阅的应办理续借手续。

档案室钥匙应由档案管理员保管，其他人员未经许可不得进入档案室。需借阅档案资料时，应由档案管理员查找档案资料。

每年底进行工程档案管理情况的检查，当年的资料应全部归档、编目。外借的资料应全部收回。

已过保管期限的档案应鉴定是否需要继续保存，若需保存应当重新确定保管期限，若不需保存可列为待销毁档案。

对确无保存价值的档案，管理单位提出销毁报告并附销毁清册，报上级单位审批。确认需销毁的档案应填写档案销毁清册，交由档案销毁专家鉴定组进行鉴定后集中销毁。

销毁档案应由2名或2名以上人员现场销毁，监销人员必须在档案销毁清册上签字。档案销毁报告及档案销毁清册应留档存查。档案销毁后应在相应的《案卷目录》《档案总登记簿》和《案卷目录登记簿》上注明"已销毁"。

管理单位档案一般为事业单位档案，归国家所有，目前以自行管理为主。对国民经济发展具有重要意义的档案，根据需要及时向国家有关的档案馆移交。

四、档案利用

技术档案应采用数字化管理，利用技术档案目录及检索工具查找所需的档案资料，并根据查找出的条目阅览或借出技术档案资料，申请拷贝、扫描技术档案资料或咨询有关情况。

严格执行档案保管、借阅制度，做到收、借有手续，按期归还；外单位需借用资料，应经单位负责人同意后方可借出，并按规定时间催还。

开展档案的一次、二次编研工作，服务堤防工程管理工作。

堤防工程管理单位宜设置陈列室，展示其历史、荣誉、档案编研成果等。

第四章　管理制度

第一节　技术管理细则

一、编制依据

技术管理细则编制人员应收集、熟悉堤防工程基本技术资料，根据《堤防工程管理通则》《堤防工程管理设计规范》《堤防养护修理规程》《堤防工程技术管理规程》及《水利技术标准编写规定》的要求，根据堤防工程实际编制本工程技术管理细则。

二、编制的目的

为加强堤防工程管理，保证工程运行安全，技术管理细则应切合工程实际，具有较强的针对性、可操作性，能全面指导工程技术管理工作。当工程状况发生变化应及时修订、报批。

三、编制大纲及要点

技术管理细则主要包括总则、工程概况、检查与观测、养护与维修、安全管理、水政及涉水项目管理、标志标牌管理、技术档案管理等工作。

（一）总则

总则应对细则制定的依据、本工程的管理任务与职责、应遵守上级主管部门印发的水利工程管理考核、维修养护等方面的相关规定、建立的各项管理制度进行详细地说明。

（二）工程概况

工程概况应包括堤防工程级别、地理位置、建设经过及完工时间、规模及工程设计技术参数、水文气象条件及地形地质参数、工程管理范围及保护范围、建设加固改造情况以及历史特征值、功能作用及发挥的社会生态效益等。

(三) 工程检查

工程检查包括一般要求、日常检查、定期检查、特别检查、专项检查。

(1) 一般要求主要包括堤防工程检查的范围、检查分类和次数、检查的内容、检查中发现的一般问题处理方法、检查中发现的严重问题处理方法。

(2) 日常检查主要规定日常检查的分类,日常巡查与经常检查的频次、内容,经常检查应符合的要求等。

(3) 定期检查主要规定汛前、汛后检查内容的侧重点、检查的要求、存在问题的处理及应急措施等。

(4) 专项检查主要规定检查的依据、检查方式、检查侧重点、对发现问题的处理、修复方案和计划编报等。

(四) 工程观测

工程观测包括一般要求、观测项目、观测要求、观测资料整编与成果分析。

(1) 一般要求包括本工程观测的主要任务、观测人员要求、观测工作执行的标准等。

(2) 观测项目一般开展垂直位移观测、堤身浸润线观测、近岸河床冲淤变化观测,其他观测项目按照有关要求开展。

(3) 观测要求主要明确观测设施布置、观测方法、观测时间、观测频次、测量精度、观测记录等应满足的要求。

(4) 观测资料整编与成果分析主要明确观测资料整编的时间、观测分析报告编制与审查、观测记录及成果原件的归档要求等。

(五) 养护与维修

养护与维修包括一般要求、工程养护、工程维修、植物防护工程管理、害堤动物防治、管理设施及抢险物料管理、维修项目管理等内容。

(1) 一般要求主要规定本工程的养护维修内容、养护维修的分类、养护维修应达到的要求等。

(2) 工程养护主要规定堤身、护岸、堤顶道路、穿跨堤建筑物及其与堤防接合部养护等工作内容、时间频次及应达到的要求。

(3) 工程维修主要规定堤身、护岸、堤顶道路、穿跨堤建筑物及其与堤防接合部维修等工作内容、时间频次及应达到的要求。

(4) 植物防护工程管理主要规定草皮养护、林木养护、病虫害防治、防灾减灾、林木采伐等工作内容、时间频次及应达到的要求。

(5) 害堤动物防治主要规定动物隐患危害防治、白蚁危害防治等工作内容、时间频次及应达到的要求。

(6) 管理设施及抢险物料管理主要规定观测设施管理、机电设备管理、计算机监控系统管理、通信设施管理、生产管理与生活设施管理、防汛抢险设施及防汛物料管理工作内容、时间频次及应达到的要求。

(7) 维修项目管理主要规定工程维修项目计划的编报、项目实施方案报批、采购管理、质量安全过程监管、结算审计、竣工验收、绩效评价等全过程管理要求。

（六）安全管理

安全管理包括一般要求、安全评价、安全生产管理、防汛管理、应急抢险等内容。

（1）一般要求主要规定工程管理单位根据国家法律、法规、技术标准，应履行的安全管理职能等。

（2）安全评价主要规定编制计划、实施鉴定、成果审定、成果应用等要求。

（3）安全生产管理主要规定安全生产目标职责、制度化管理、教育培训、现场管理、安全风险管控及隐患排查治理、应急管理、事故管理、持续改进等要求。

（4）防汛管理主要规定防汛组织建立和落实、汛前准备、汛期管理等要求。

（5）应急抢险主要规定渗水抢险、管涌（流土）抢险、漏洞抢险、风浪冲刷抢险、裂缝抢险、跌窝（陷）抢险、穿堤建筑物及其与堤防接合部抢险、防漫溢抢险、坍塌抢险、滑坡抢险等应采取的处置措施、要求。

（七）水政及涉水项目管理

水政及涉水项目管理包括一般要求、水行政管理、涉水项目管理等内容。

（1）一般要求主要规定水政监察人员配备、执法装备、水政法规培训学习等要求。

（2）水政管理主要规定水法规宣传、水政巡查、违法行为处置等要求。

（3）涉水项目管理主要规定参与建设项目施工前工作、办理占用手续、建设过程跟踪检查、参与项目验收、项目运行后续管理等要求。

（八）标志标牌管理

标志标牌管理主要规定标志标牌编制方案、制作安装、维护更新等要求。

（九）技术档案管理

技术档案管理包括一般要求、档案收集、档案归档、档案保管、档案利用等内容。

（1）一般要求主要规定技术档案管理制度、人员配备、设施管理等要求。

（2）档案收集主要规定工程运行管理、维修养护、检查观测等纸质和音像资料收集整理等。

（3）档案归档主要规定工程技术文件分类、编目、装订、归档等。

（4）档案保管主要规定档案按档案管理制度执行，配备防盗、防光、防潮等设施，做好温、湿度记录。

（5）档案利用主要规定档案数字化、一次编研、二次编研、成果展示等。

（十）其他工作

其他工作主要包含工程管理考核、精细化管理、信息化管理、科学技术研究与职工教育、工程环境保护等。

第二节　规章制度

堤防管理相关规章制度主要包括综合制度、运行管理制度、保障制度及其他有关制度。

一、编制原则

1. 管理单位应根据国家的法律法规、行业规范的要求，结合工程和单位实际，制定本单位的各项规章制度。

2. 管理单位应建立完整的规章制度体系，包括日常管理的各个方面，确保相关事项有章可循，同时注意制度之间衔接配套。

3. 规章制度的制定包括起草、征求意见、会签、审核、签发和发布等流程。

4. 规章制度的条文应规定该项工作的内容、程序、方法，紧密结合工作实际，具有较强的针对性和可操作性。

5. 规章制度的执行应提供相应的佐证材料，并及时整理归档。

6. 当工程工况和管理条件发生变化时，应及时修订完善相应的规章制度。

二、综合制度

（一）管理人员技术岗位制度

堤防工程管理单位根据管理工作任务，合理设置管理岗位，并按标准配置人员，一般应设置有管理岗、专业技术岗、工勤技能岗，具体技术岗位制度包括单位负责岗、技术负责岗、工程技术管理岗、水政监察岗、安全管理岗、档案管理岗、堤防巡查护堤岗等的职责，主要包括以下内容：

（1）资格条件，任职此岗位的基本要求。

（2）能力要求，此岗位人员需要具备的基本能力。

（3）此岗位具体做的详细事项，按主次顺序罗列。

（4）工作内容编写，即每日、每周、每月、每季度及临时的事项内容。

（5）岗位考核。

（二）计划管理制度

（1）单位发展规划的编制内容。

（2）年度工作计划的编制时间、程序。

（3）年度单项工作计划的编制内容（职工培训、水政监察、工程管理考核等）。

（4）年度工作计划实施进度检查。

（5）年度工作计划总结。

（三）请示报告和工作总结制度

（1）单位需要向上级请示的事项范围规定。
（2）单位内部需要请示负责人的事项范围规定。
（3）向上和内部请示报告程序规定。
（4）请示报告的办结时间和质量规定。
（5）主办（牵头）部门和协办部门的职责分工。
（6）工作（事项）的总结报告。

（四）职工教育与培训制度

（1）培训需求的识别。
（2）培训计划的制订和审批。
（3）培训计划的执行、总结。
（4）继续教育学时统计。
（5）职工教育培训积分制度。
（6）培训费用管理。
（7）教育培训台账等。

（五）目标考核与奖惩制度

（1）职工岗位考核的原则。
（2）职工岗位考核的程序。
（3）个人履职纪实制度。
（4）月度考核、季度考核和年度工作考核办法。
（5）考核奖励的规定。

三、运行管理制度

（一）维修养护项目管理制度

（1）堤防工程及附属设施概况。
（2）堤防养护的范围和时间、质量标准。
（3）维修项目的申报、方案编制。
（4）维修（养护）项目采购与合同管理。
（5）维修（养护）项目施工质量标准。
（6）维修（养护）施工过程安全管理。
（7）维修（养护）项目进度管理。
（8）维修项目结算及造价审计。
（9）维修项目阶段验收、合同完工验收及竣工验收。
（10）维修（养护）项目管理卡等。

(11) 维修(养护)项目绩效评定相关规定。

(二) 防汛工作制度

(1) 堤防工程的防汛防旱功能和其他功能。
(2) 建立防汛责任制和防汛办事机构。
(3) 开展汛前防汛检查。
(4) 编制防汛应急预案和险工险段抢险预案,并组织预案演练工作。
(5) 汛期值班、交接班和领导带班防守制度。
(6) 防汛调度指令的执行程序。
(7) 防汛抢险工作程序。
(8) 防汛工作总结。

(三) 运行值班和交接班管理制度

(1) 汛期值班工作安排(含值班、带班)。
(2) 非汛期值班工作安排(含法定节假日)。
(3) 值班工作内容。
(4) 交接班制度。
(5) 值班巡查制度。
(6) 值班记录制度。
(7) 来电来访接待制度。
(8) 值班安全注意事项。

(四) 巡视检查制度

(1) 堤防工程概况,管理范围起止桩号。
(2) 堤防工程检查的类别(日常检查、定期检查、特别检查和专项检查)。
(3) 各项检查的主要项目、检查时间及频次、检查重点等。
(4) 检查的工作流程、质量标准。
(5) 工程检查活动的安全保障。
(6) 检查成果审核、分析、上报、归档等。

(五) 观测工作制度

(1) 堤防工程观测设施分布情况。
(2) 堤防工程观测项目(由上级下达观测任务书确定)。
(3) 各观测项目的观测时间、频次、质量标准。
(4) 观测成果审核、分析和整理、上报。
(5) 观测成果应用。
(6) 观测活动的安全保障。
(7) 观测成果资料整编、归档。

四、保障制度

（一）物资和器材使用管理制度

（1）物资种类、品名、数量、分布等情况。
（2）各种物资的存储要求。
（3）物资的登记、责任牌。
（4）物资的检查周期。
（5）物资的养护规定。
（6）库房的消防、用电及物资的运输等安全管理。
（7）物资的出、入库登记管理。
（8）物资管理台账等。

（二）安全生产和安全保卫制度

（1）安全目标管理制度。
（2）安全生产委员会(领导小组)工作规则。
（3）安全生产责任制。
（4）安全生产投入管理制度。
（5）法律法规标准规范管理制度。
（6）安全教育培训管理制度。
（7）消防安全管理规定。
（8）交通安全管理制度。
（9）工伤保险管理制度。
（10）特种作业人员管理制度。
（11）劳动防护用品管理制度。
（12）安全设施管理制度。
（13）安全标志管理制度。
（14）社会治安综合治理目标管理与考核制度。
（15）安全生产预警预报和突发事件应急管理制度。
（16）临时用电管理制度。
（17）作业安全管理制度。
（18）作业安全变更管理制度。
（19）相关方安全管理制度。
（20）建设项目安全设施“三同时”管理制度。
（21）危险物品及重大危险源监控管理制度。
（22）生产安全事故隐患排查治理制度。
（23）职业健康管理制度。
（24）应急投入保障制度。

(25) 安全生产考核奖惩管理办法。
(26) 安全生产标准化绩效评定管理制度。

(三) 事故处理报告制度

(1) 事故应急处置原则。
(2) 事故应急处理程序。
(3) 事故预警预报。
(4) 事故现场保护。
(5) 事故的应急报告内容、程序及时间规定。
(6) 事故原因调查。

(四) 技术档案归档与管理制度

(1) 档案的分类。
(2) 各类档案的归档、不归档范围。
(3) 各类档案的保管期限。
(4) 档案的收集。
(5) 档案的整理、归档。
(6) 档案的保管、借阅和移交。
(7) 档案的利用。
(8) 档案库房的巡查及安全保障。
(9) 档案设备设施管理维护。
(10) 档案的保密规定。

(五) 环境保护制度

(1) 环境保护的范围。
(2) 工程和场所部位的环境保护标准及责任分工。
(3) 管理区、办公室保洁养护的频次、时间安排。
(4) 机动车辆的停放管理(划线、指定位置)。
(5) 职工爱护环境卫生的行为规范。
(6) 环境卫生检查制度等。

五、其他有关制度

(一) 水政管理制度

(1) 水行政管理制度。
(2) 水政巡查的范围、人员组织。
(3) 巡查的频次、内容、记录等规定。
(4) 水法规宣传的范围、内容。
(5) 水法规学习培训、水政人员继续教育。

(6) 发现水事违法问题的处置流程。

(7) 涉水建设项目的许可前服务、许可后签订占用补偿协议、设立公示牌、施工方案审查、跟踪巡查、督促整改、参与验收等监督管理程序。

(8) 水政巡查装备的管理。

(9) 水政执法活动的安全保障。

(10) 巡查日记、月报表和年度统计报表等。

(二) 应急预案管理制度

(1) 管理职责范围内可能出现的险情、风险分析和研判。

(2) 应急预案的类别(综合预案、专项预案和现场处置方案)。

(3) 各类预案编制、修订时间、程序。

(4) 预案的格式、内容规定。

(5) 预案演练的安排。

(6) 预案执行的规定。

(7) 相关资料台账等。

第三节 操作规程

堤防工程各类设备操作规程一般包括穿堤涵闸闸门启闭操作规程、穿堤泵站运行规程、配电设备操作规程、柴油发电机组操作规程等。

一、编制原则

1. 操作规程应以工程设计和操作实践为依据,确保技术指标、技术要求、操作方法的科学合理,成为人人遵守的操作行为指南。

2. 操作规程应保证操作步骤的完整、细致、准确、量化,有利于设备设施的可靠安全运行,同时要注意各操作规程之间的衔接配合。

3. 操作规程应与优化运行、节能降耗、提高效率等相结合。

4. 操作规程应明确岗位操作人员的职责,做到分工明确、协同操作、配合密切。

5. 操作规程的制定包括规程起草、会签、审核、签发和发布等。

6. 操作规程应在实践中及时修订、补充和不断完善,在采用新技术、新工艺、新设备、新材料时必须及时以补充规定的形式进行修改或进行全面修订。

二、工程设备检修规程

(一) 适用范围

适用范围包括管辖的穿堤建筑物闸门、启闭机,水泵、电机,供电(发电机等)、配电设备,巡查车船,电动葫芦等。

(二) 主要内容

(1) 工程设备概况。
(2) 设备大修、中修、小修周期。
(3) 设备检修的工作程序。
(4) 检修技术方案的确定。
(5) 设备检修的质量标准。
(6) 工作票和操作票规定。
(7) 设备缺陷备案制度。
(8) 设备检修现场安全管理。
(9) 设备试车及验收。
(10) 设备检修资料。
(11) 车船保险规定。
(12) 设备管理台账制度等。

三、穿堤涵闸闸门启闭操作规程

(一) 适用范围

适用范围主要包括堤防管理范围内穿堤涵闸闸门启闭的操作。

(二) 主要内容

(1) 启闭前的准备工作,设备操作对工作人员的要求。
(2) 启闭前检查的主要内容及要求。
(3) 闸门启闭顺序及启闭过程中的注意事项。
(4) 启闭后应核对的内容。
(5) 启闭记录等。

四、配电设备操作规程

(一) 适用范围

适用范围主要包括堤防管理范围内电气设备的操作。

(二) 主要内容

(1) 配电设备操作对工作人员的要求。
(2) 停送电操作步骤及应采取的安全保障措施。
(3) 需要带电作业时,应做好安全技术措施及监护要求。

（4）电气设备操作记录。

五、柴油发电机组操作规程

（一）适用范围

适用范围包括堤防管理范围内发电操作。

（二）主要内容

（1）启动发电机组前，检查的内容及其他准备工作。
（2）机组启动的要求及注意事项。
（3）柴油机启动后，转速的调整及水温、油温的控制。
（4）送电的步骤和要求。
（5）机组运行过程中的安全措施及注意事项。
（6）停机的步骤及要求。

第五章　管理流程

第一节　工作流程

流程化管理是将任务或工作事项沿纵向细分为若干个前后相连的工序单元，将作业过程细化为工序流程，然后进行分析、简化、改进、整合、优化，要注重流程管理的连续性、协调性，达到相互衔接、环环相扣，保证工作有序高效地推进。流程主要采用线型描述，将工作任务细分为若干步骤，再用流动方向的线条将各个步骤按先后顺序连接起来。流程化管理可以先在局部开始，然后逐步推广，也可以先找出最重要的、关系全局的局部流程，来加以改善。对流程要进行分析、研究、改进，去除不必要的、可有可无的环节，简化流程。

堤防管理要借鉴流程化管理方法，以流程规范固化管理行为，克服工作执行过程的随意性，实现工作从开始到结束的全过程闭环式管理。对规律性、程序性、重复性的工作编制流程图，形成完整的工作链，明确工作实施的路径、方法和要求。对工程检查、工程观测、维修养护等典型工作编制作业指导书，以流程化管理为主线，明确工作的内容、方法、步骤、措施、标准和人员责任等，对工作开展进行全过程、全方位的指导，使工作过程更加可控、成效更有保证。

堤防工程管理单位应将主要流程在相关场所的醒目位置明示，加强管理流程的学习培训，对重要技术节点进行技术交底，保证操作人员熟悉掌握流程及关键控制点。将固化的主要工作流程融入工程管理信息化系统，严格执行流程，实现信息共享。

一、工程检查流程

（一）工作流程

1. 日常检查

检查流程一般包括确定检查路线、制定内容及计划、实施检查及维修养护、工程评级、进行总结、形成报告、报上级主管部门、资料汇总归档等。具体流程参见图 5-1。

2. 定期检查

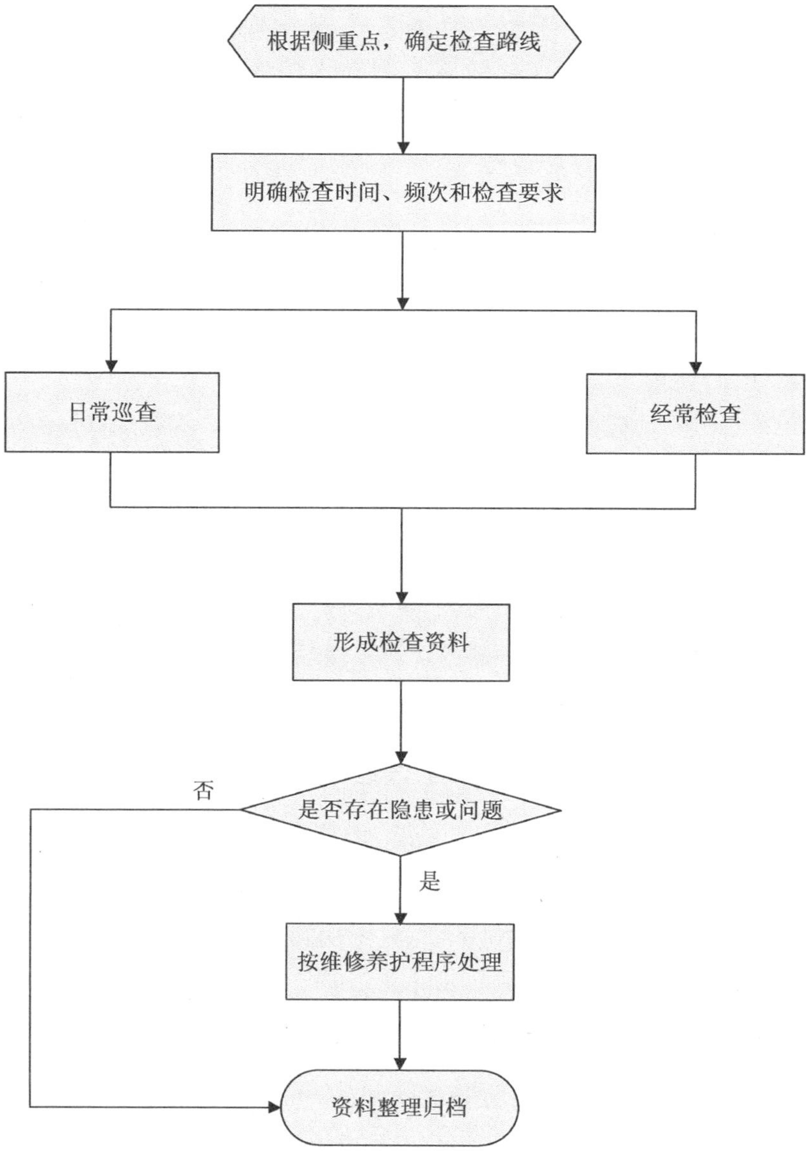

图 5-1　日常检查参考流程图

定期分为汛前检查和汛后检查。汛前检查一般流程为管理单位制订检查计划，按照汛前检查的内容和质量标准，组织人员分工、明确检查责任，对堤防、穿堤建筑物、管理设施开展检查，检查非工程措施准备情况，开展工程观测，发现问题、开展养护、形成记录。具体流程参见图 5-2。

汛后检查一般流程管理单位制订检查计划，按照汛后检查质量标准，结合工程汛期运行情况，有针对性地开展检查，包括水毁情况、防汛物料、工程观测、维修项目实施等，形成记录。具体流程参见图 5-3。

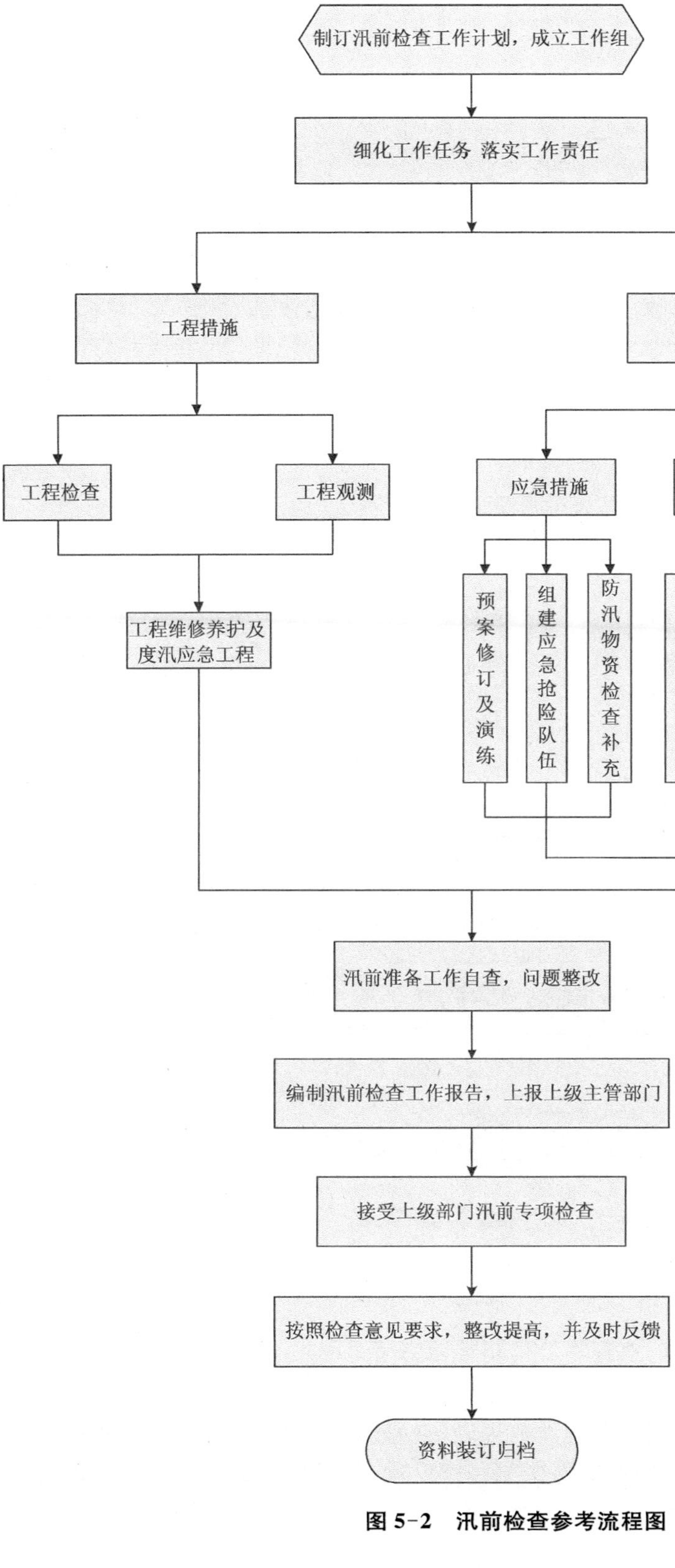

图 5-2 汛前检查参考流程图

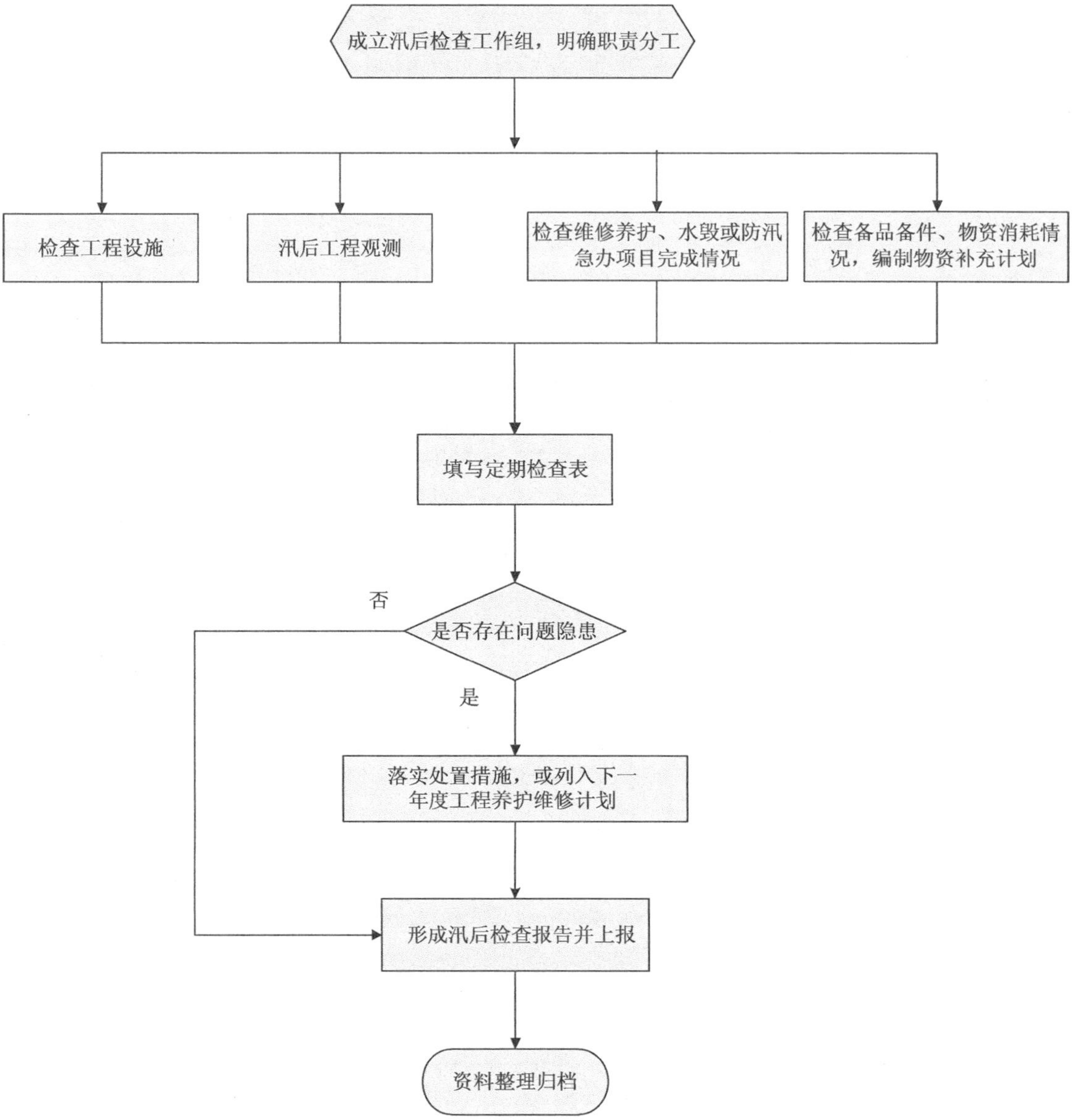

图 5-3　汛后检查参考流程图

3. 特别检查

当发生大洪水、大暴雨、台风、地震等工程非常运用情况和发生重大事故后，应及时进行特别检查。特别检查一般流程为成立工作组，明确责任，制定特别检查方案，对堤前冲刷、堤身裂缝、穿堤建筑物及结合部位以及管理设施等进行检查，对发现的问题能解决的，通过维修养护进行解决，暂不能解决的，编制应急预案和维修项目计划，形成记录。具体流程参见图 5-4。

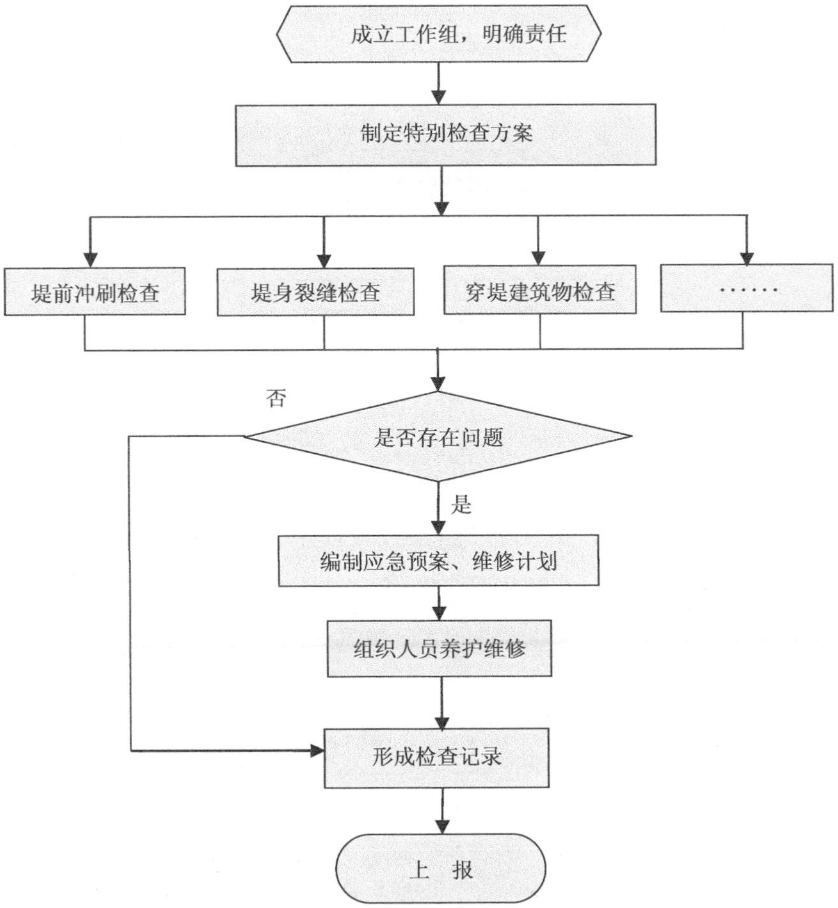

图 5-4 专项检查参考流程图

4. 专项检查

专项检查主要是不定期地对险工、险段及重要堤段进行堤身、堤基探测检查或护脚探测。专项检查流程一般为成立工作组、确定检查堤段、委托第三方单位检测、开展专项检查、形成探测报告。具体流程参见图 5-5。

（二）相关记录

工程检查应形成的主要记录有日常检查表、定期(汛前、汛后)检查表、特别检查表、专项检查表,以及定期检查、特别检查、专项检查报告等。表格参见附录 A. 1—A. 4。

二、观测流程

（一）工作流程

1. 观测工作总体流程

观测工作总体流程一般为编制《观测任务书》并报批,按照任务书开展各项目观测工

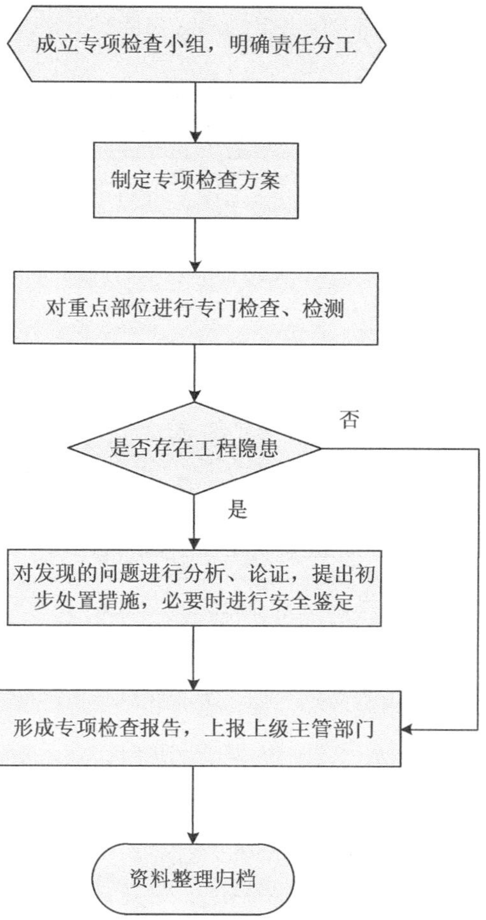

图 5-5　特别检查参考流程图

作，一般包括垂直位移观测、测压管观测（渗流观测）、近岸河床冲淤变化等，对观测资料计算整理，分析观测成果并于年中、年末上报，最后将观测资料整编、审查、归档。具体流程参见图 5-6。

2. 渗流观测流程

渗流观测流程一般为制订计划，现场、仪器、人员等准备，观测管中水位，记录观测数据并对比分析，记录上下游水位。具体流程参见图 5-7。

3. 垂直位移观测流程

垂直位移观测流程一般为制订计划，现场、仪器，人员等准备，确定观测线路，架设观测仪器、丈量前后视距，读取前后视距，计算校核成果并分析。具体流程参见图 5-8。

4. 近岸河床冲淤变化观测流程

近岸河床冲淤变化观测流程一般为制订计划，现场、仪器、人员、安全防护等准备，选取典型断面，岸上地形观测、水深观测、水位观测，成果分析。具体流程参见图 5-9。

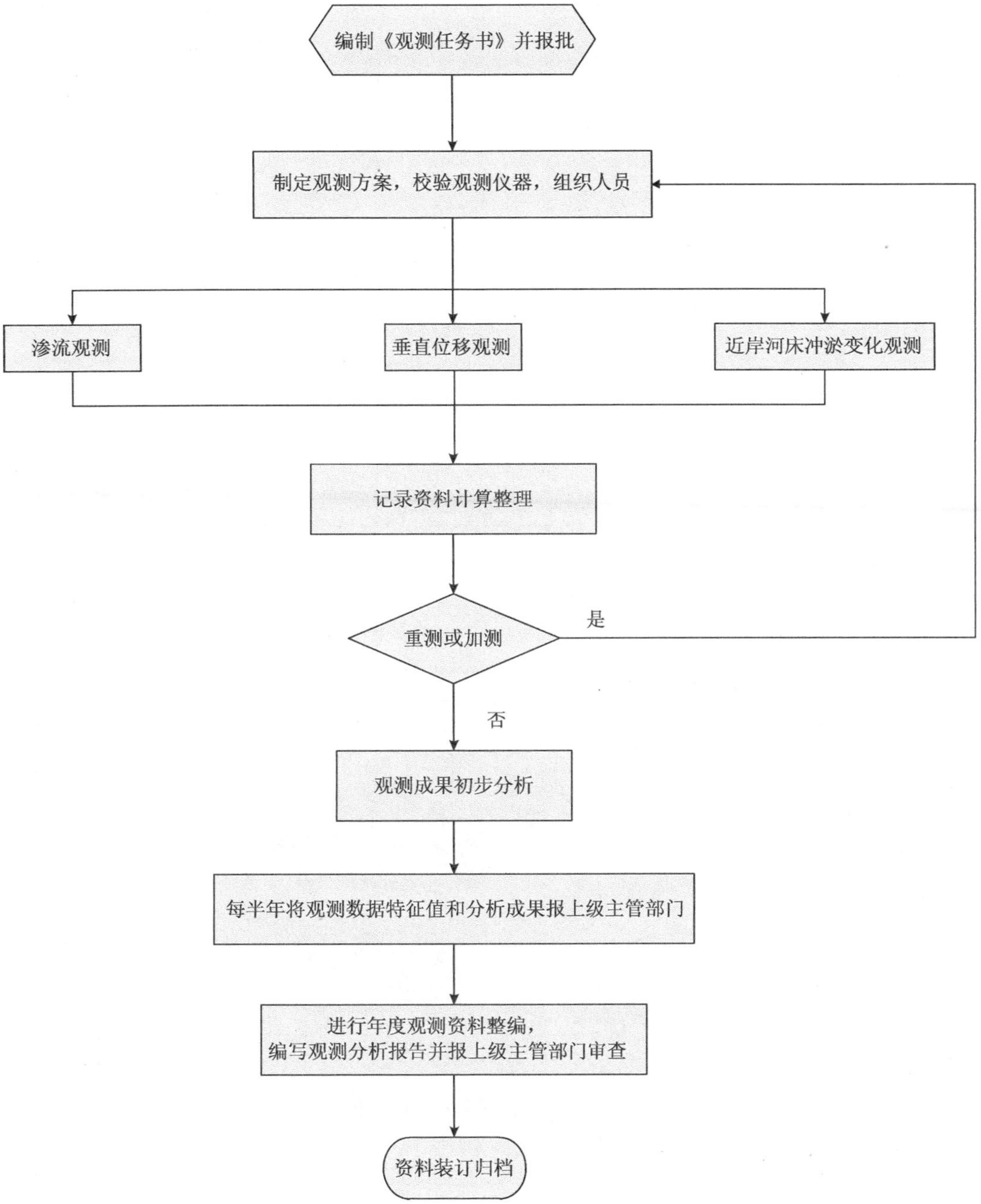

图 5-6　工程观测参考流程图

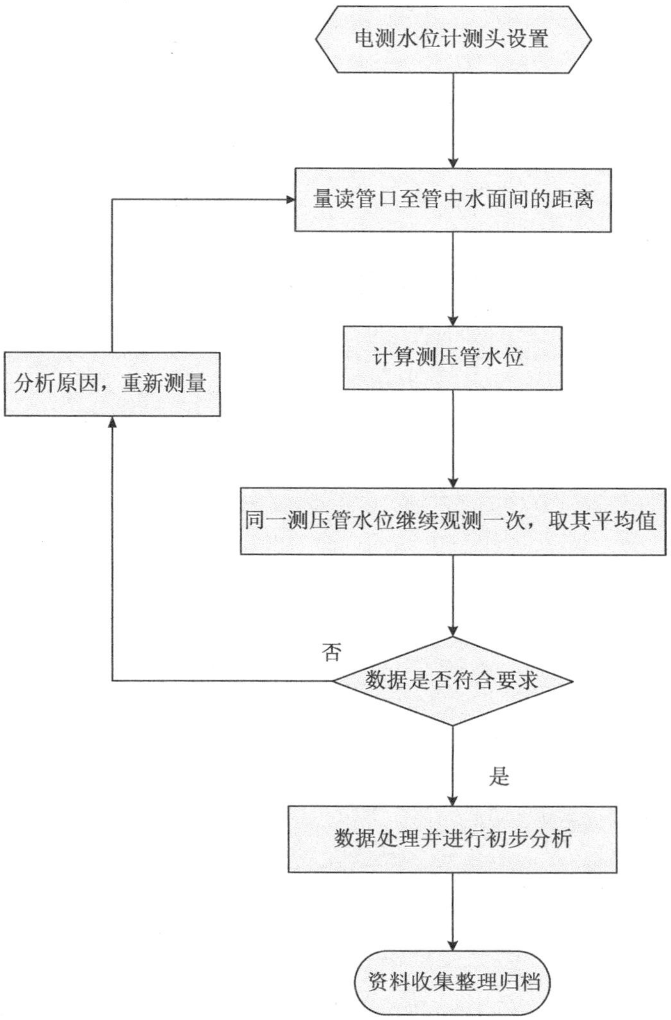

图 5-7　渗流观测参考流程图

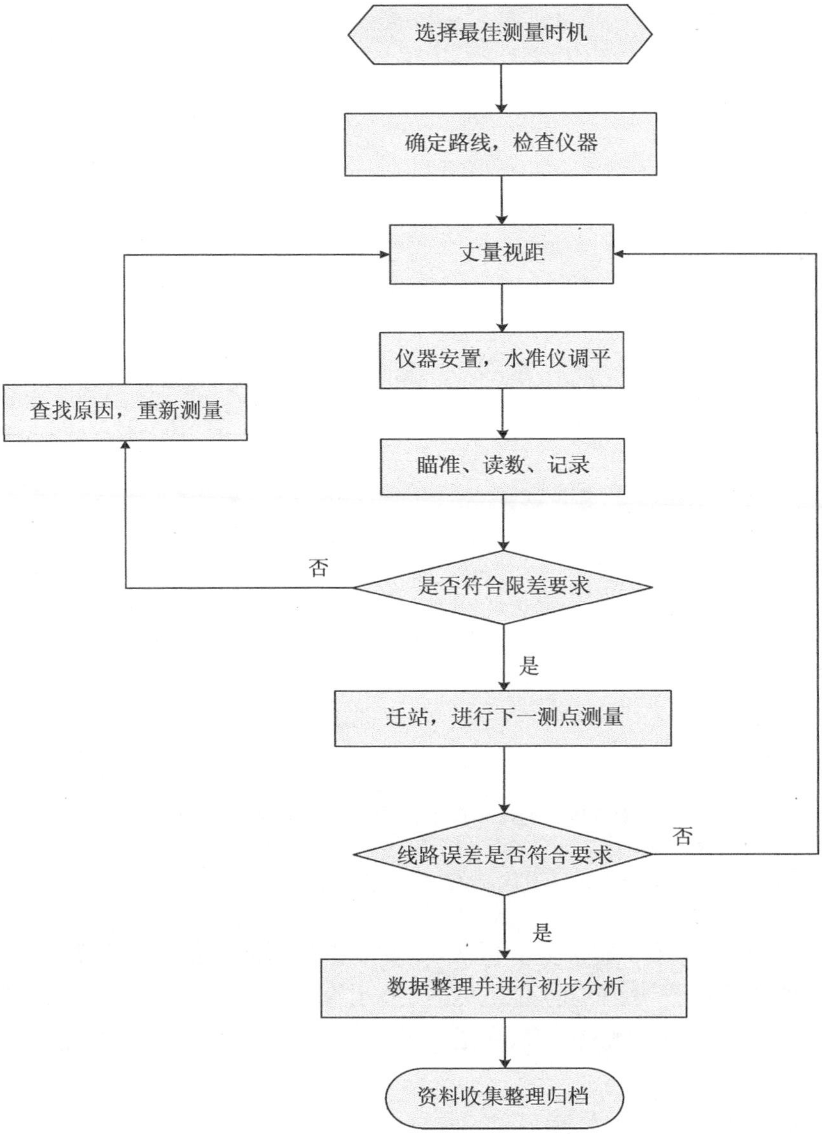

图 5-8 垂直位移观测参考流程图

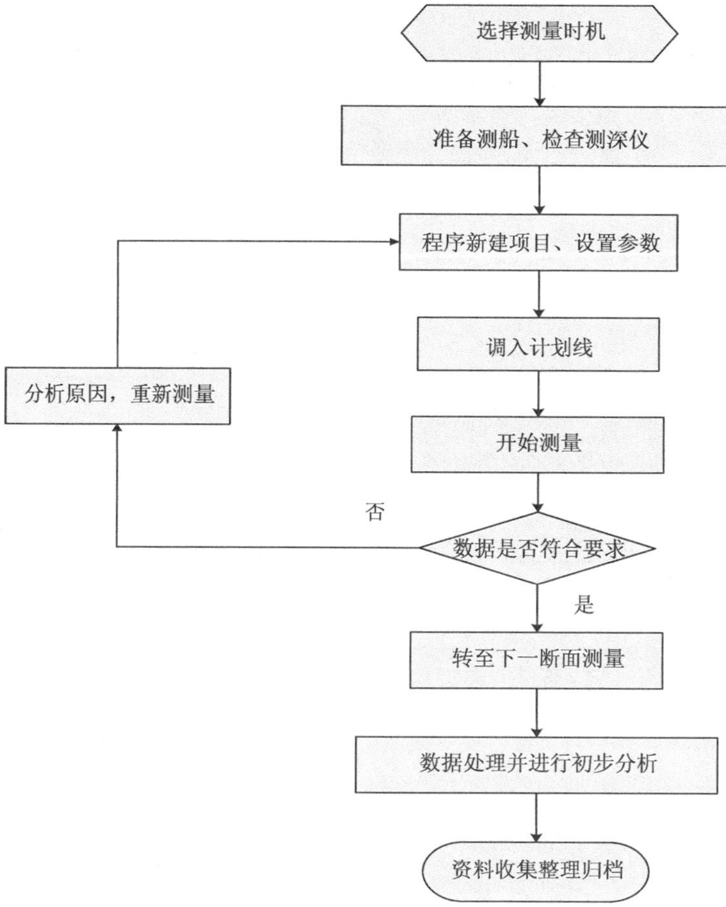

图 5-9　近岸河床冲淤变化观测参考流程图

（二）相关记录

堤防工程年度观测形成成果主要包括：垂直位移观测标点布置示意图、垂直位移观测成果表、测压管位置示意图、测压管水位统计表、测压管水位过程线、河床断面布置图、河道断面位置示意图、河道断面观测成果表、河道断面比较图等。有关表格参见附录 A.5—A.9。

三、养护与维修项目实施流程

（一）工程维修养护

1. 工作流程

工作流程一般包括分析运行资料、检查资料，编制维修养护项目及计划，项目计划批复，组织实施，填写实施记录，完成项目管理卡，上报资料，台账整理等。工程养护项目管理实施流程参见图5-10，工程维修项目管理实施流程参见图 5-11。

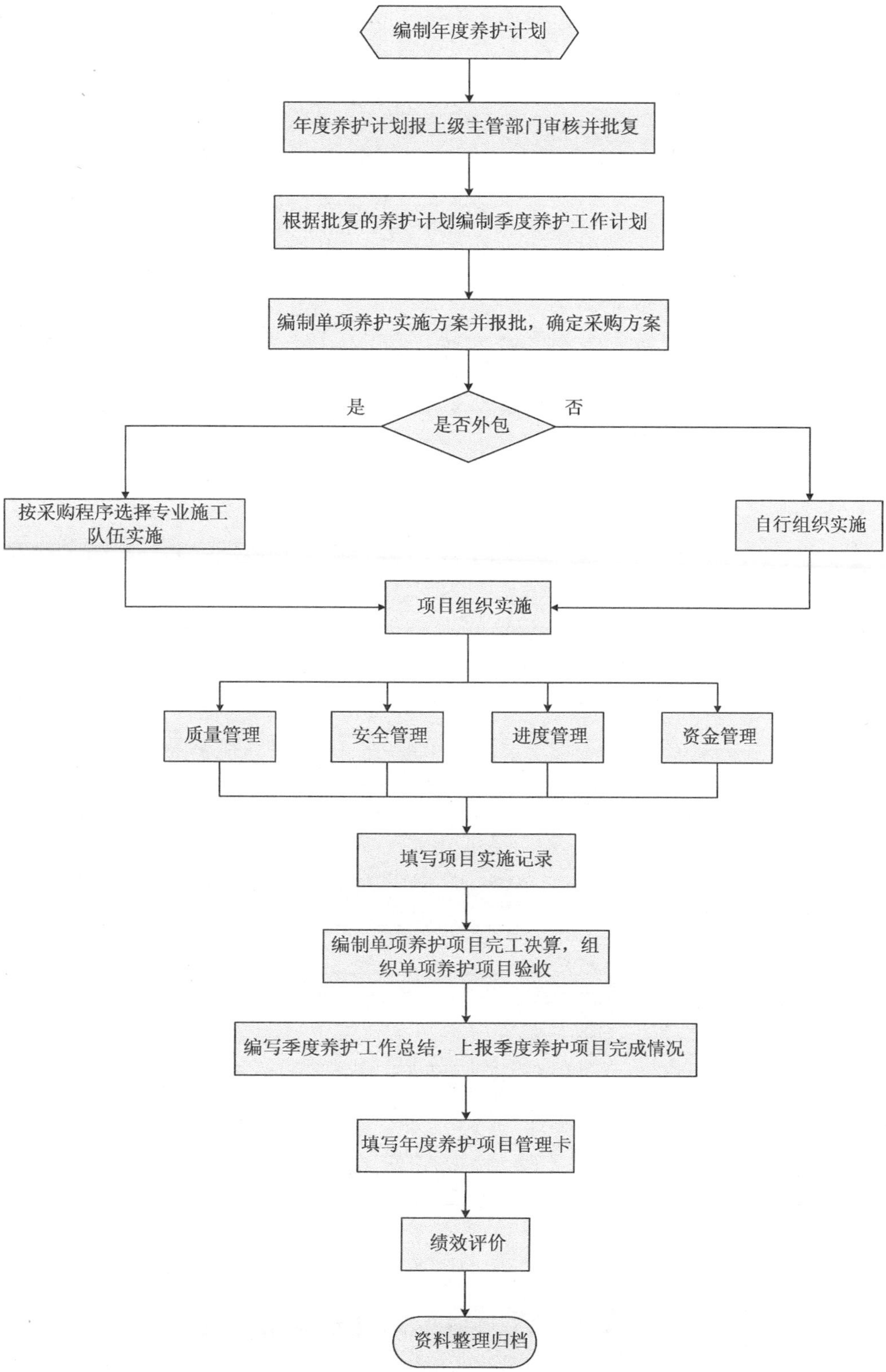

图 5-10　工程养护项目管理参考流程图

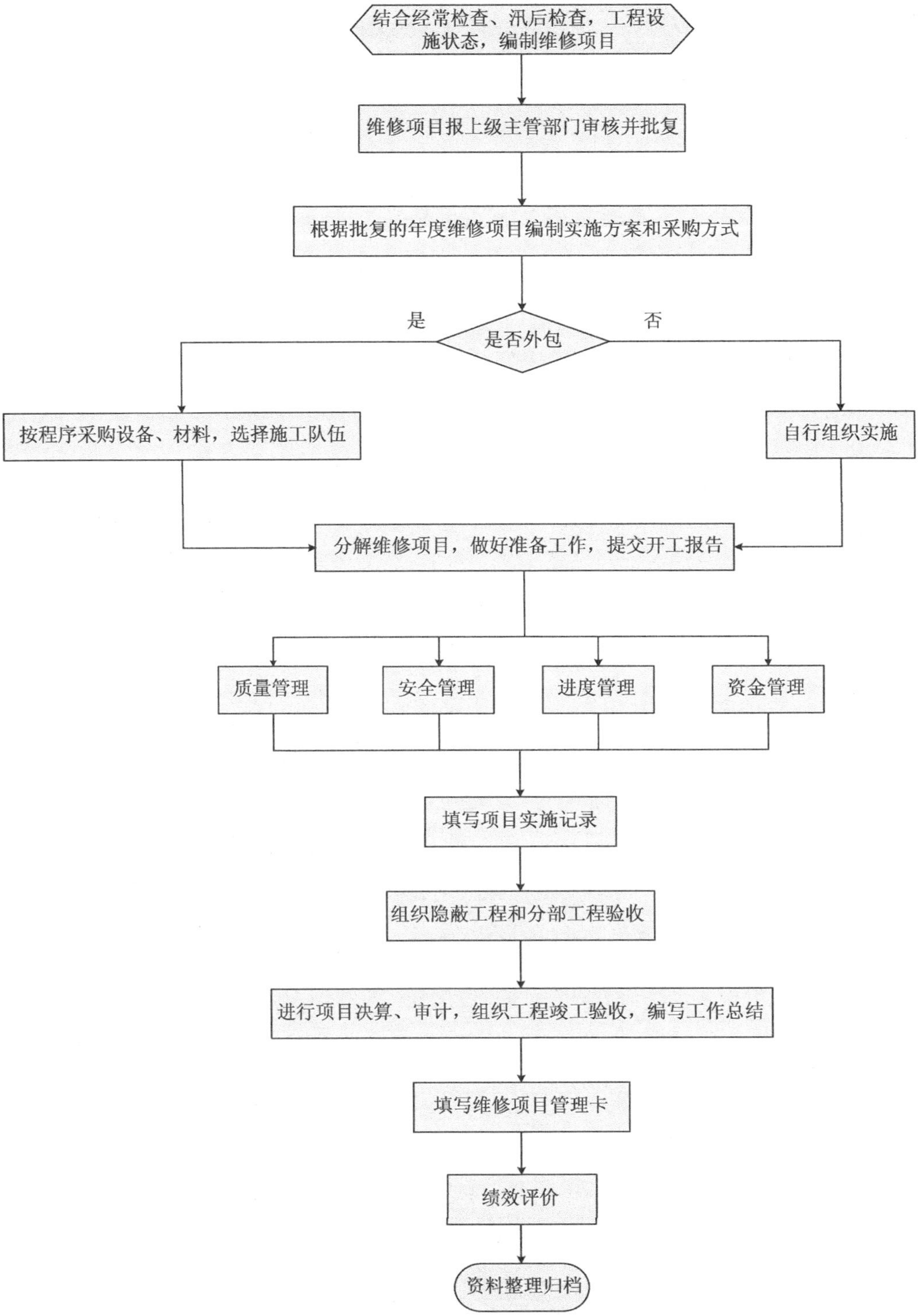

图 5-11　工程维修项目管理参考流程图

2. 相关记录

相关记录包括工程保养、检修记录，设备登记卡，设备缺陷登记卡，启闭机大修报告书，变压器大修报告书，电气设备、闸门大修总结报告，维修项目管理卡，养护项目管理卡等。

四、安全生产管理流程

（一）安全评价流程

1. 工作流程

按照《堤防工程安全评价导则》的要求，堤防工程安全评价一般流程为制订安全评价计划、成立评价工作组、收集基础资料、开展现状调查、开展运行管理评价、工程质量评价、防洪标准复核、渗流安全性复核、结构安全性复核、开展工程安全综合评价、形成评价报告等。具体流程参见图 5-12 所示。

2. 相关记录

相关记录包括堤防安全现状调查分析报告、堤防安全复核计算分析报告、堤防安全综合评价报告。

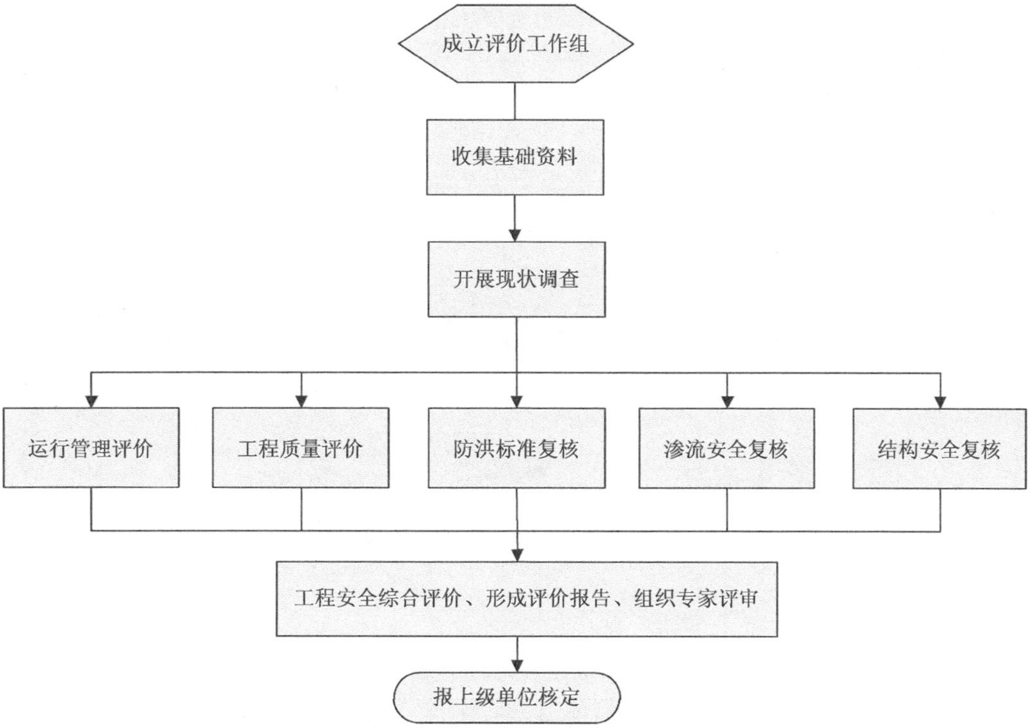

图 5-12　堤防安全评价参考流程图

（二）安全检查

1. 工作流程

安全检查流程一般包括制订安全生产检查计划、开展安全生产检查活动、填写检查记录、发现问题及落实整改措施、形成书面报告、检查资料归档等。具体流程参见图 5-13 所示。

2. 相关记录

相关记录包括安全生产台账、安全检查记录表、隐患整改相关资料、安全检查总结等。

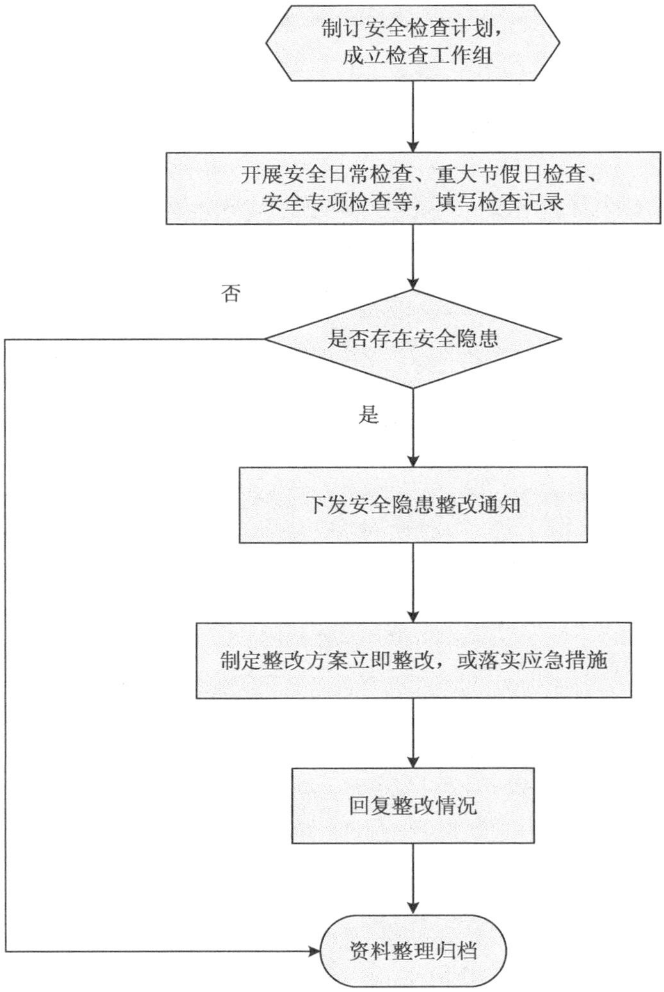

图 5-13　安全检查参考流程图

（三）安全风险管控及隐患排查治理

1. 工作流程

安全风险管控及隐患排查治理流程主要包括成立工作组、制定工作方案、明确风险管控范围和方法、现场开展管控和排查、区分重大或一般危险源、对重大危险源按规定程序上报、形成辨识报告。具体流程参见图 5-14 所示。

2. 相关记录

相关记录包括安全风险管控及隐患排查治理报告、危险源分布图等。

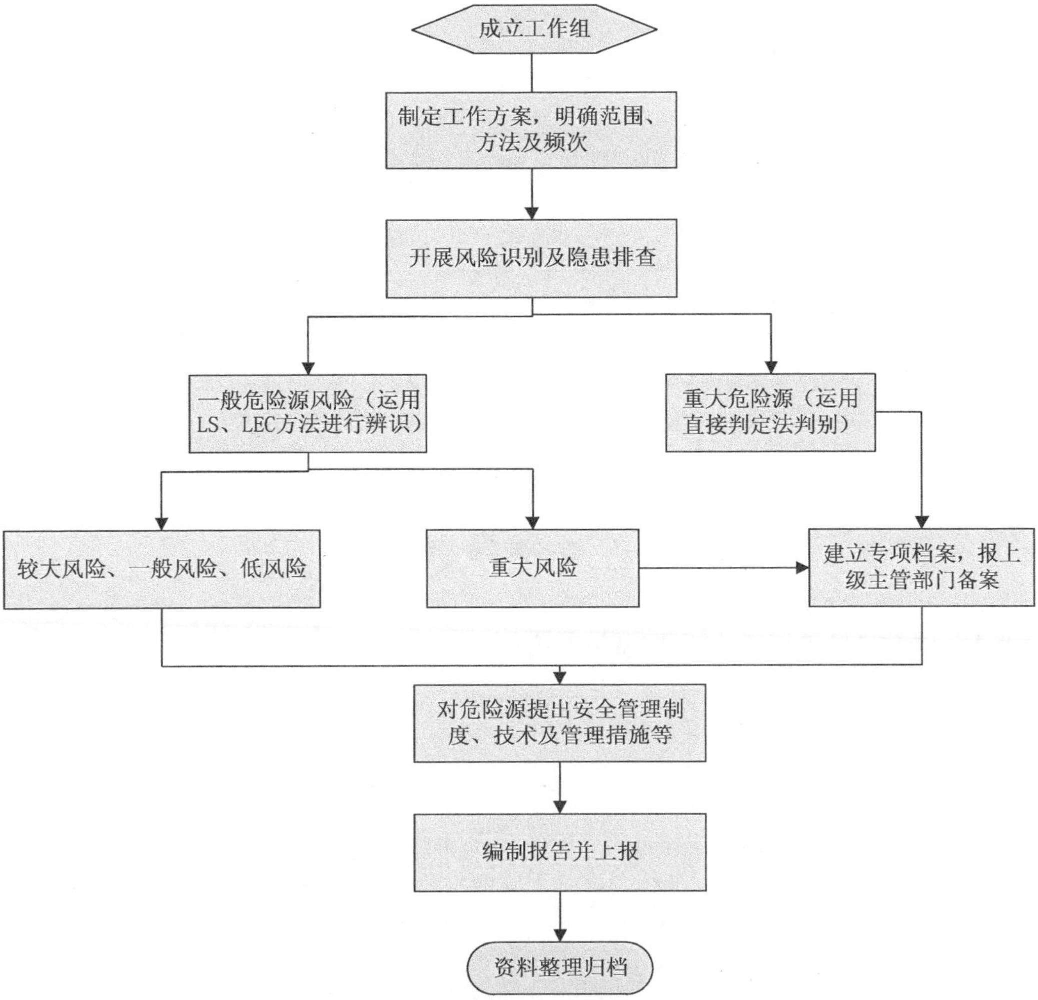

图 5-14　安全风险管控及隐患排查治理参考流程图

（四）防汛管理流程

1. 工作流程

防汛管理工作主要流程成立防汛组织机构、落实防汛责任、开展汛前准备（工程检查、预案落实、防汛队伍落实、物料准备等）、开展汛期工作（防汛值班带班、关注工情雨情、开展巡堤查险等）、形成汛期工作记录。具体流程见图 5-15 所示。

2. 相关记录

汛前准备资料、汛期工作记录等。

（五）应急抢险流程

1. 工作流程

应急抢险工作主要流程包括险情发生、启动应急预案、开展应急处置、现场恢复、形成处置报告、资料收集归档。具体流程见图 5-16 所示。

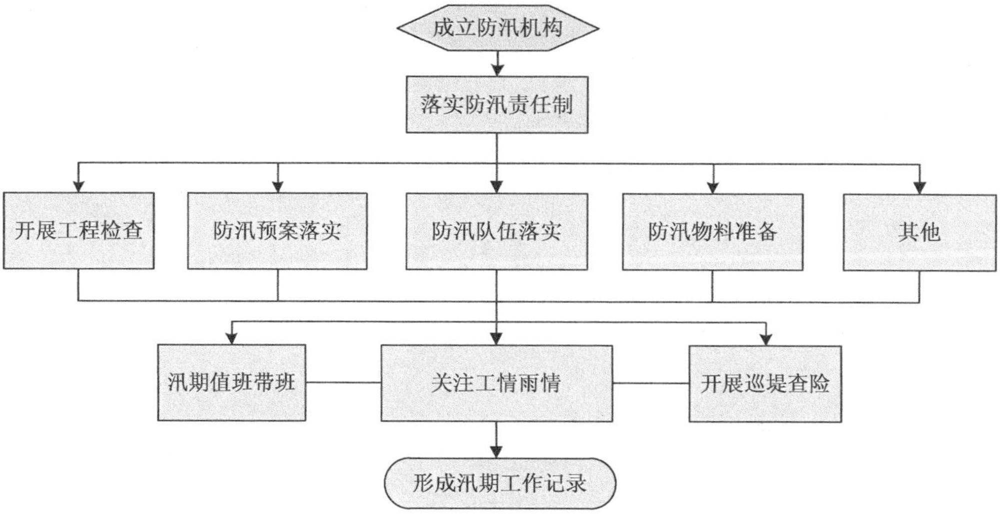

图 5-15　防汛管理参考流程图

2. 相关记录

相关记录包括险情原因分析、应急抢修记录等。

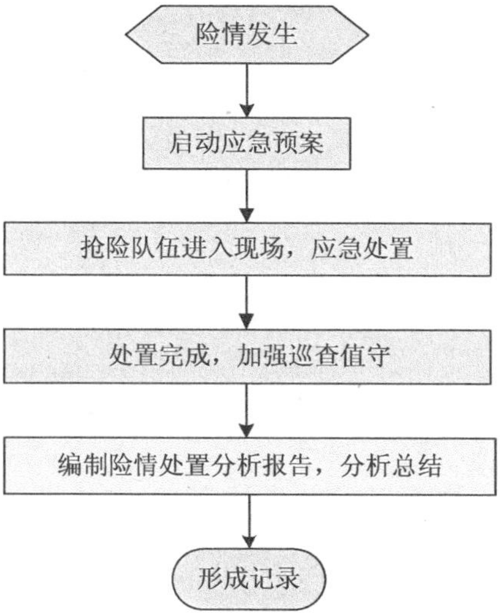

图 5-16　应急抢修参考流程图

五、水政及涉水项目管理流程

（一）水法规宣传

1. 具体流程

水法规宣传流程包括制定水法规宣传方案，制作巡查标牌、材料，开展宣传，留有影像资料，形成记录。具体流程参见图 5-17 所示。

2. 相关记录

相关记录包括宣传方案、宣传资料、影像记录等。

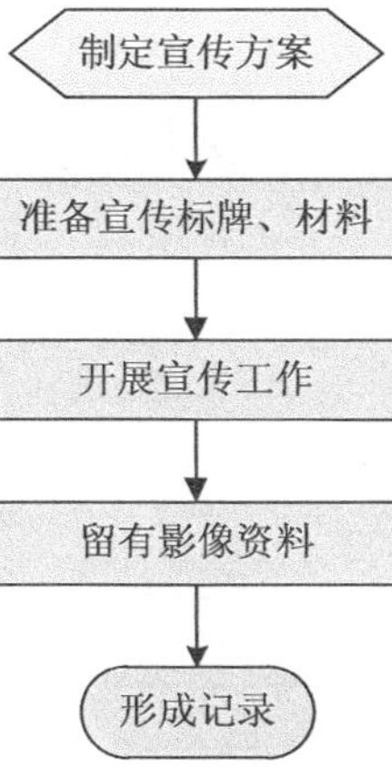

图 5-17　水法规宣传参考流程图

(二) 水政巡查

1. 具体流程

水政巡查具体流程为管理单位制定水行政巡查方案，水政监察员开展水事巡查，发现违法水事行为，应及时制止，防止违法违规行为进一步扩大，并做好巡查记录。具体流程参见图 5-18 所示。

2. 相关记录

主要为相关记录水政巡查记录。有关表格参见附录 A. 11、A. 12。

(三) 涉水项目管理流程

1. 工作流程

涉水项目管理工作流程为堤防管理单位依据水行政主管部门行政许可文件，办理占用手续，参与现场放样，实施建设过程监督，参与项目验收，项目运行后期监管，最后形成资料。具体流程见图 5-19 所示。

2. 相关记录

相关记录包括项目督查记录、验收资料、竣工资料等。有关表格参见附录 A. 13。

六、标志标牌管理流程

1. 具体流程

标志标牌管理流程为管理单位应充分调查分析，确定堤防标志标牌设置方案，制作、设立标志标牌，并定期更新维护，形成记录存档。具体流程参见图 5-20 所示。

2. 相关记录

相关记录包括标志标牌设置方案、设立分布图、定期更新维护记录等。

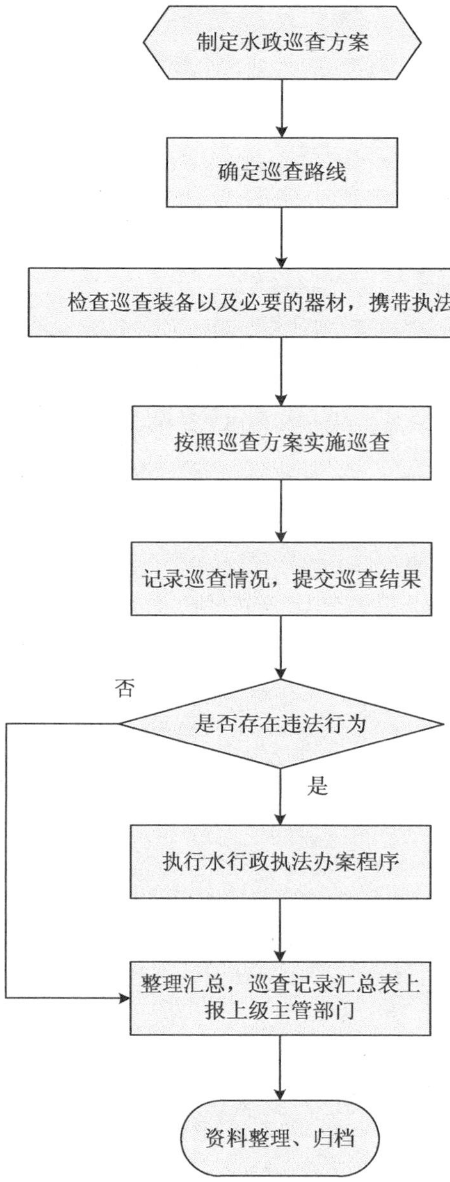

图 5-18　水政巡查参考流程图

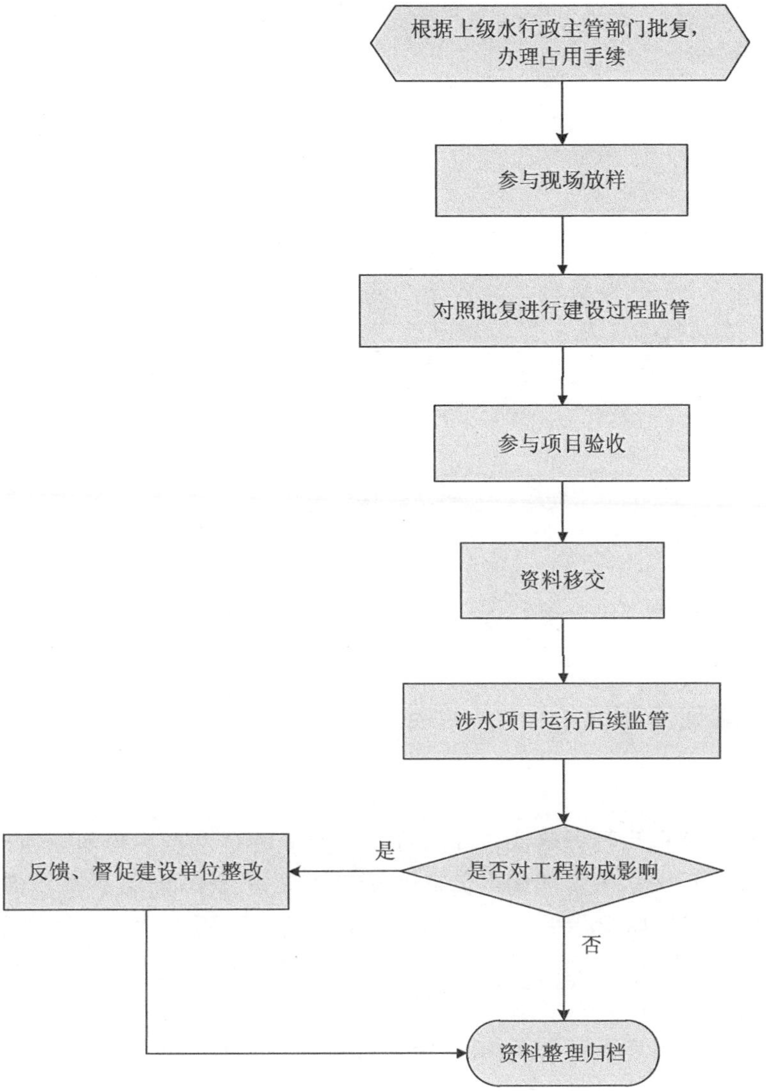

图 5-19　涉水项目管理参考流程图

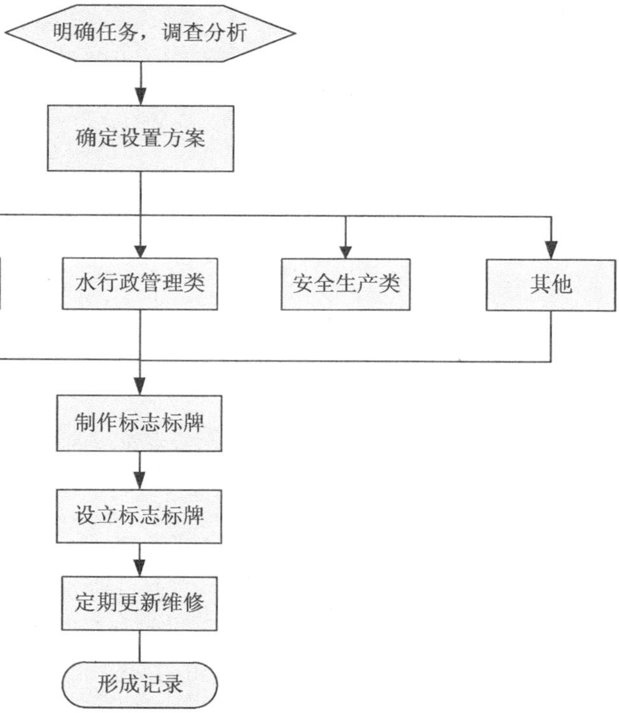

图 5-20　标志标牌管理参考流程图

七、技术档案管理流程

1. 工作流程

技术档案管理流程为管理单位各部门将管理形成的技术档案资料交由档案部门审核，档案部门审核接受后按档案管理规定负责档案归档有关工作；档案借阅需借阅人提出借阅申请，符合借阅规定的履行借阅手续，借阅完成后履行归还手续。具体流程参见图 5-21 所示。

2. 相关记录

相关记录包括档案资料及有关借阅、规范登记台账。有关表格参见 A. 14、A. 15。

第二节　作业指导书

作业指导书是指为保证作业过程质量而制订的程序性文件，其针对对象是具体的作业活动，主要目的是解决干什么、为什么干、谁来干、什么时间干、什么地方干以及如何干(5W1H)的问题。堤防管理作业指导书是为了满足堤防检查观测、维修养护、水行政及涉水建设项目管理等日常工作而制订的指导性文件。堤防管理单位原则上应对堤防日常管理的每一项工作编制作业指导书。

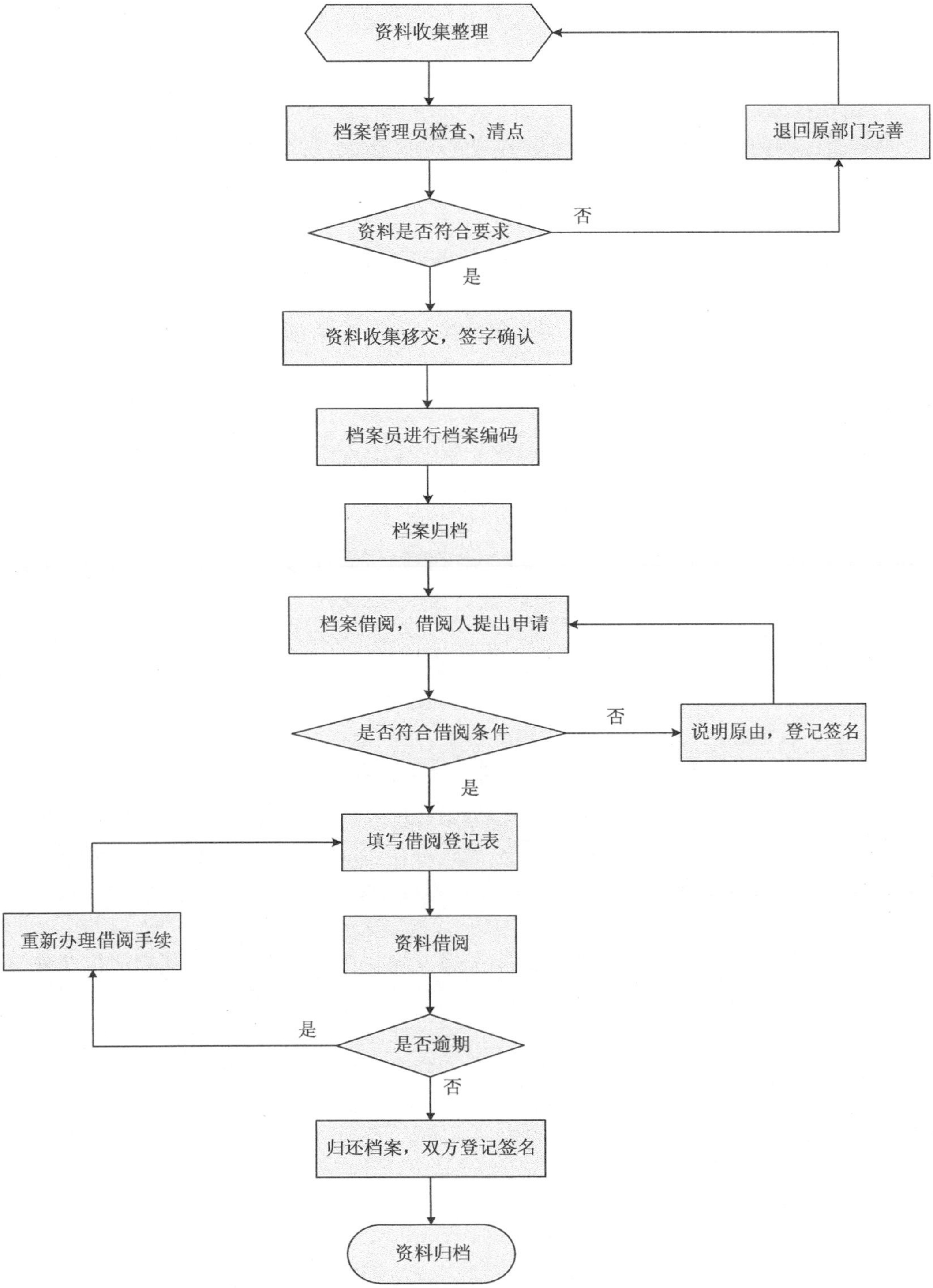

图 5-21　技术档案管理参考流程图

一、堤防检查作业指导书编制基本要求

1. 适用范围

明确所编制的作业指导书适用于指导堤防日常检查、定期检查、特别检查和专项检查工作。

2. 编制依据

明确编写作业指导书所引用的法规、规程、标准以及其他有关规范性文件。

3. 基本情况

堤防基本情况，主要包括堤防管理范围、堤防标准、主要功能、历次加固以及发挥的主要工程效益等。

4. 管理任务

明确检查的分类、各类检查频次。根据堤防等级确定堤防检查的分类及检查周期，应满足本书第三章有关条款的要求。

5. 管理标准

明确各类检查的方法和要求。需因地制宜地确定所辖堤防的检查方法，以满足查实、查细、查全为目标，提出堤防检查的具体要求。

明确检查路线。所确定的检查路线要符合所管堤防实际情况，一般要包括堤前(迎水面)、堤身、堤后(背水面)，特别是在高水位期间要关注堤防坡脚。

明确检查项目和内容及质量标准。要详细列出堤防检查的内容，检查标准要满足本书第三章有关条款的要求，并以表格形式规范出来，便于检查人员对照检查并记录。

明确检查组织和安全措施。根据堤防巡查的工作任务和强度，提出堤防巡查的人员技术业务要求、身体素质要求，明确巡查小组的人员分工、相互协调配合，根据河道、湖泊水位等要素配齐所需工器具并检查完好性，根据气候条件、交通状况等分析检查中的危险要素，并采取必要的安全防范措施。

6. 管理流程

编制堤防检查作业流程图，流程图要能反映堤防检查的主要节点工作顺序以及处置要点，应简明扼要、逻辑通顺。

7. 检查记录

制定各类检查记录表，要求检查应有清晰、完整、准确、规范的检查记录(包括拍照或录像)，每次检查完毕，应及时分析、整理资料。

二、堤防观测作业指导书编制基本要求

1. 适用范围

明确所编制的作业指导书适用于堤防工程垂直位移、浸润线、近岸河床冲淤变化等项目的观测工作。

2. 编制依据

明确编写作业指导书所引用的法规、规程、标准以及其他有关规范性文件。

3. 基本情况

堤防基本情况，主要包括堤防管理范围、堤防标准、主要功能、历次加固以及发挥的主要工程效益、观测点及观测项目情况等。

4. 管理任务

根据堤防安全观测任务书明确堤防管理任务的内容，一般应包括垂直位移、浸润线观测、近岸河床冲淤变化等，具体要根据堤防等级进行确定；明确观测设施布设情况，对堤防已经布设的观测设施进行统计，并说明其完好情况，对暂不满足的提出增设的计划。

5. 管理标准

明确项目的观测频次及精度要求。要根据《水利工程观测规程》(DB32/T 1713-2011)的要求，明确观测频次及精度要求。

(1) 作业准备

明确作业人员、观测仪器、安全措施等准备措施。

(2) 观测程序

明确位移观测、堤身浸润线(渗流)、近岸河床冲淤变化等观测项目的基本观测程序，以及每个程序中的观测精度控制。

(3) 观测结束

明确观测结束后，人员收工、仪器整理、观测设施保护等工作。

(4) 观测成果

应明确资料整编每年至少进行一次。每次观测结束后，需及时对观测资料进行计算、校核、审查，分析观测成果的变化规律及趋势，与上次观测成果及设计情况比较是否正常，对工程的控制运用、维修加固提出初步建议，编写本年度观测工作说明及工程大事记。

(5) 作业组织

观测工作要求人员相对固定，要明确观测小组成员及人员分工，明确各项工作完成时间，便于工作顺利开展。

6. 管理流程

明确观测工作主要节点流程，编制作业流程图。观测工程是一项复杂的技术工作，流程要从观测任务书入手，分解观测任务，分类编制作业流程图，流程图应具体到工作准备、具体操作、精度判别、资料整编及分析以及成果审查的过程。

7. 形成成果

堤防工程年度观测形成成果主要包括：垂直位移观测标点布置示意图、垂直位移观测成果表、测压管位置示意图、测压管水位统计表、测压管水位过程线、河床断面布置图、河道断面位置示意图、河道断面观测成果表、河道断面比较图等。

三、堤防工程养护维修作业指导书编制基本要求

1. 适用范围

明确所编制的作业指导书适用于堤防、穿堤建筑物等养护修理工作。

2. 编制依据

明确编写作业指导书所引用的法规、规程、标准以及其他有关规范性文件。

3. 基本情况

堤防基本情况，主要包括堤防管理范围、堤防标准、主要功能、历次加固以及存在主要问题等。

4. 管理任务

按照第二章管理任务要求，明确堤身、堤防道路、穿堤建筑物、排水系统等养护维修工作任务。

5. 管理标准

按照第三章管理标准的要求，明确堤身、堤防道路、穿堤建筑物、排水系统等养护维修工作标准。

6. 管理流程

按照第五章管理流程的要求，明确裂缝处理、护坡损坏处理等常见养护修理项目的作业管理流程。流程图要简明扼要、逻辑通顺。

7. 形成成果

形成养护维修台账。

四、植物防护工程养护修理作业指导书编制基本要求

1. 适用范围

明确所编制的作业指导书适用于堤防防浪林、防护林以及植被等的养护修理工作。

2. 编制依据

明确编写作业指导书所引用的有关林木、植被养护修理的规程、标准以及其他有关规范性文件。

3. 基本情况

明确堤防基本情况，主要包括堤防管理范围、堤防标准，主要林相分布情况，存在主要问题等。

4. 管理任务

按照第二章管理任务要求，明确草皮养护、林木养护、病虫害防治、防震减灾以及林木更新等工作任务。

5. 管理标准

按照第三章管理标准的要求，明确管理任务中各项工作的管理标准。

6. 管理流程

按照第五章管理流程的要求，绘制植物防护工程养护修理流程图。流程图要简明扼要、逻辑通顺。

7. 形成成果

形成成果包括林相分布、养护、防治记录等。

五、害堤动物防治作业指导书编制基本要求

1. 适用范围

明确所编制的作业指导书适用于獾、狐类、鼠类、白蚁等害堤动物的防治工作。

2. 编制依据

明确编写作业指导书所引用的有关害堤动物的规程、标准以及其他相关规范性文件。

3. 基本情况

明确堤防基本情况，主要包括堤防管理范围、堤防标准，所处地区的气候环境，常见害堤动物的活动迹象等。

4. 管理任务

按照第二章管理任务要求，明确害堤动物预防、治理等工作任务。

5. 管理标准

按照第三章管理标准的要求，明确管理任务中各项工作的管理标准。

6. 管理流程

按照第五章管理流程的要求，绘制害堤动物防治流程图。流程图要简明扼要、逻辑通顺。

7. 形成成果

在普查、防治完成后需及时做好记录，编制防治工作总结，总结害堤动物活动规律、防治中好的做法和存在的不足，为今后工作提供借鉴。

六、堤防养护维修项目管理作业指导书编制基本要求

1. 适用范围

明确所编制的作业指导书适用于堤防、穿堤建筑物、生物防护、管理设施等养护维修的项目管理工作。

2. 编制依据

明确编写作业指导书所引用的省水利厅、省财政厅有关文件要求，规程、标准以及其他有关规范性文件。

3. 基本情况

明确堤防养护维修项目管理的基本要求，包括申报范围、管理人员要求、质量安全资金使用等。

4. 管理任务

1）项目申报

明确堤防管理单位根据维修项目申报指南、水利工程定期检查和经常检查发现的问题，在核定维修工程量和确定技术方案的基础上，编制维修项目申报计划。

（1）项目名称

能够概括地反映工程主要部位、主要问题和处理方案，与维修项目内容及规定的使用范围保持一致。

（2）项目说明

简明扼要地反映工程部位、存在的主要问题、处理方案、主要技术参数、工程量和预算经费等。内容包括：项目基本情况、工程存在的主要问题、实施的必要性和紧迫性、具体实施位置、维修方案、工程量和预算经费等，并提供必要的设计图纸。

（3）项目概算

编制的依据是项目技术方案确定的工程量、《江苏省水利工程养护修理预算定额》

（试行）、《江苏省水利工程预算定额》等，上述定额中未涉及的部分，可套用现行相关专业定额。

2）项目实施方案

（1）方案编制

堤防管理单位接到主管部门下达的工程项目后，应依据项目名称、经费数量和原申报计划，结合水利工程、造价要素等新情况，根据《江苏省省级水利工程维修项目实施方案管理办法（试行）》和《江苏省防汛工程项目实施方案编制规定（试行）》等规定编制实施方案。

维修项目实施方案应符合国家有关政策及行业相关技术标准要求，其主要内容包括：项目概况、项目组织和建设管理、项目实施安排、项目实施进度、施工期间对工程运行的影响及采取的措施、资金筹措和项目预算等。

（2）方案审查

按时上报有审批权的上级主管部门。实施方案未经审批，项目原则上不得实施。方案审查的重点项目内容与上报的项目技术方案是否可行，项目划分及单元、工序质量控制措施是否完善，安全措施是否完善，工程技术标准及工程量是否调整；项目采购方案是否符合规定；项目预算与实施内容是否对应，单价是否合理，造价是否超出批复概算等。

3）项目采购

（1）采购方式

维修项目采购方式分为公开招标采购、单位分散采购（询价采购、竞争性谈判、单一来源采购等）、自行实施等。项目管理单位应严格执行经主管部门审批的项目采购方案。

（2）合同签订

维修项目采购完成后应签订书面合同，安全风险较大的项目同时应签订安全生产合同。合同主要内容应包括当事人名称、地址；合同标的数量、规格、型号、品牌；价款或报酬、质量保证金金额或比例、支付方式；质量管理要求和安全生产责任；履行期限、地点；项目验收、结算方式；违约责任及争议解决方式等。

4）项目实施

项目实施前，堤防管理单位应编制开工报告，重点应明确质量、安全管理和进度控制措施，开工报告由上级主管部门审批。

（1）质量控制

堤防管理单位应明确质量标准，按照实施方案确定的项目划分、单元（工序）质量评定标准和合同约定，对维修项目实施过程实行质量监督管理。维修项目质量控制要点主要包括原材料、中间产品、成品是否经过检验合格；工程设备是否具有质量保证书、检验合格证；土建施工及设备安装是否达到设计标准要求；隐蔽工程是否经过签证等。

（2）安全管理

堤防管理单位应开展危险源识别，对危险性较大的专项工程，应落实专项安全生产技术措施，并跟踪监管。维修项目安全管理要点主要包括临时用电是否符合规范要求；特种作业人员是否持证上岗；各种施工设备是否具备安全运行条件，是否采用接地措施；是否采取临边、临水、临洞口等安全措施；施工现场是否采取安全防护、隔离措施；涉及工程运行的，是否与防汛抢险有矛盾；涉及电气线路断电的，是否办理工作牌和操作票等。

（3）进度控制

堤防管理单位应督促施工单位按照合同要求，配足劳动资源，满足实施进度。一般情况下维修项目不能跨年度实施。

5）项目验收

（1）验收分类

维修项目验收，可分为隐蔽工程验收、自验和竣工验收三个阶段。

（2）验收组织

隐蔽工程验收，由项目管理单位组织，验收小组由工程技术及相关人员组成，对工序质量的检查记录和单元评定的结果及相关资料进行验收；维修项目自验，由项目管理单位组织工程、财务及相关技术人员参加，在工程完工后及时进行；项目竣工验收，由项目竣工验收单位（一般为实施方案审批单位）组织进行。

（3）竣工验收

竣工验收前，堤防管理单位应委托内部审计部门或有资质单位进行项目竣工审计。

维修项目竣工验收程序一般包括以下程序：听取项目管理单位、施工单位关于项目实施情况的汇报；查看工程现场；复核工程量；查阅项目管理卡；查阅财务支付资料；听取审计情况汇报或查阅项目审计报告；形成并签署验收会议纪要或验收报告。

5. 管理标准

按照第三章管理标准的要求，明确堤身、堤防道路、穿堤建筑物、生物防护、排水系统、管理设施等养护维修工作标准。

6. 管理流程

按照第五章管理流程的要求，明确项目申报、实施方案报批、项目采购、项目实施管理、决算审计、竣工验收等管理流程。流程图要简明扼要、逻辑通顺。

7. 附录图表

作业指导书中应将维修项目申报、开工报告及审批、项目采购、项目验收和作业流程图附录明确。主要应包括项目管理流程图、项目计划申报文件格式、采购管理文件格式、质量管理文件格式、资金管理文件格式、验收管理文件格式、项目管理卡格式等。

七、安全管理指导书编制基本要求

1. 适用范围

明确所编制的作业指导书适用于堤防安全评价、安全检查、安全风险管控及隐患排查治理、防汛管理以及应急抢险等工作。

2. 编制依据

明确编写作业指导书所引用的法规、规程、标准以及其他有关规范性文件。

3. 基本情况

明确堤防基本情况，主要包括堤防管理范围、堤防标准、主要功能、历次加固以及存在主要问题等。

4. 管理任务

按照第二章管理任务要求，明确安全评价、安全检查、风险管控及隐患排查治理、防汛管理以及应急抢险等工作任务。

5. 管理标准

按照第三章管理标准的要求，明确安全评价、安全检查、风险管控及隐患排查治理、防汛以及应急抢修管理标准。

6. 管理流程

按照第五章管理流程的要求，分别编制安全评价、安全检查、风险管控及隐患排查治理、防汛管理以及应急抢修管理流程，并绘制流程图。流程图要简明扼要、逻辑通顺。

7. 形成成果

形成成果应包括安全评价报告，安全检查记录及整改资料，风险评价报告及布置图，隐患排查治理成果，汛前准备、汛期工作记录，应急抢险报告、事故原因分析等。

八、水政管理作业指导书编制基本要求

1. 适用范围

明确所编制的作业指导书适用于堤防水政宣传、巡查以及违法行为处置等工作。

2. 编制依据

明确编写作业指导书所引用的有关水政宣传、巡查的法规、规程、标准以及其他有关规范性文件。

3. 基本情况

明确堤防基本情况，主要包括堤防管理范围、容易发生水事破坏的重点部位、内容等。

4. 管理任务

按照第二章管理任务要求，明确水政宣传方案、路线等，明确水政巡查内容及巡查路线、发现问题处置及报告等工作任务。

5. 管理标准

按照第三章管理标准的要求，明确水政巡查对应工作内容的管理标准。

6. 管理流程

按照第五章管理流程的要求，绘制水政宣传、巡查基本流程图。流程图要简明扼要、逻辑通顺。

7. 形成成果

形成成果应包括水政巡查记录表等。

九、涉水项目管理作业指导书编制基本要求

1. 适用范围

明确所编制的作业指导书适用于堤防涉水建设项目管理工作。

2. 编制依据

明确编写作业指导书所引用的有关涉水建设的法规、规程、标准以及其他相关规范性文件。

3. 基本情况

明确堤防基本情况，主要包括堤防管理范围、涉水建设项目主要内容等。

4. 管理任务

按照第二章管理任务要求，明确涉水建设项目占用手续、现场放样、过程监管、项目验收、后期监管等工作任务。

5. 管理标准

按照第三章管理标准的要求，明确管理任务各项工作的管理标准。

6. 管理流程

按照第五章管理流程的要求，绘制涉水建设项目管理流程图，流程图要简明扼要、逻辑通顺。

7. 形成成果

项目督查记录、验收资料、竣工资料等。

十、标志标牌管理流程管理作业指导书编制基本要求

1. 适用范围

明确所编制的作业指导书适用于堤防标志标牌管理工作。

2. 编制依据

明确编写作业指导书中标志标牌设置的规范性文件以及有关制度要求。

3. 基本情况

明确堤防基本情况，主要包括堤防管理范围、设置的标志标牌的管理需要等。

4. 管理任务

按照第二章管理任务要求，明确标志标牌设置种类以及各种类的具体设置要求等工作任务。

5. 管理标准

按照第三章管理标准的要求，明确管理任务各类标志标牌的设置、管理标准。

6. 管理流程

按照第五章管理流程的要求，绘制标志标牌设置、维修等管理流程图，流程图要简明扼要、逻辑通顺。

7. 形成成果

形成成果应包括标志标牌设置方案、设立分布图、定期更新维护记录等。

十一、技术档案管理作业指导书编制基本要求

1. 适用范围

明确所编制的作业指导书适用于堤防管理形成的技术档案管理工作。

2. 编制依据

明确编写作业指导书所引用的有关技术档案的规程、标准以及其他有关规范性文件。

3. 基本情况

明确在堤防管理中形成的主要技术档案，归档范围以及管理要求等。

4. 管理任务

按照第二章管理任务要求，明确档案归档、保管、借阅等工作任务。

5. 管理标准

按照第三章管理标准的要求，明确管理任务中档案归档、保管、借阅等管理标准。

6. 管理流程

按照第五章管理流程的要求，绘制技术档案管理流程图。流程图要简明扼要、逻辑通顺。

7. 形成成果

形成成果应包括档案目录、借阅记录、温湿度记录等。

第六章　管理评价

管理单位要切合实际，建立健全精细化考核评价机制，不仅注重管理单位效能考核，更要强化对职工个人绩效的考核。要完善考核办法，量化考核细则，将考核结果与奖惩、评优、晋升、聘用等挂钩。要完善岗位设置、工作职责和考核标准，注重平时考核、量化评价、持续改进，将管理责任具体化、考核评价常态化、绩效奖惩透明化，切实保障管理精细高效，富有执行力、创新力。

第一节　单位效能考核

单位效能考核考核主要对管理单位汛前检查专项工作、工程管理日常工作、单位年度综合工作等进行考核评价，一般由上级主管部门组织。

一、考核参考方式

（1）汛前检查专项考核，重点考核汛前检查工作开展情况，一般在每年 4 月底前进行。

（2）日常管理考核，重点考核日常工程管理开展情况，一般按月或季度进行考核。

（3）目标管理考核，重点考核单位年度综合性工作，主要包括工程管理、综合管理、党建精神文明建设等方面，作为年度评优的主要依据，一般在年底进行。

（4）工程管理年度考核按照水利部、江苏省工程管理考核办法及标准的要求，从组织管理、安全管理、运行管理、经济管理等四个方面开展年度自检、考核工作，并报上级主管部门，一般在年底进行。

二、考核内容参考要点

（一）汛前检查考核

（1）汛前准备工作的组织、责任落实及总体开展情况。

（2）规章制度建立修订情况以及执行情况。

（3）各类工程图表、标志标牌设置及明示情况。

(4) 检查观测、养护维修、防汛物料等各类资料的收集、分类、整理、归档情况。

(5) 防汛应急及汛前影响度汛项目的进度及完成情况;维修养护项目管理情况。

(6) 安全隐患排查及处理情况,预案编制修订及演练情况。

(7) 防汛抢险组织网络;防汛抢险物资落实、保管情况。

(8) 安全生产责任制、组织网络及安全措施落实情况;安全工器具管理及定期试验情况;安全防护设施及警示信号、标志牌设置情况。

(9) 工程观测设施、防汛仓库和管理范围内场地、道路及设备区等环境卫生情况。

(二) 工程管理日常考核

(1) 工程检查按规定开展情况,记录台账、成果上报、问题整改等。

(2) 工程观测按规定开展情况,成果分析情况等。

(3) 穿堤建筑物管理开展情况。

(4) 维修养护项目实施方案、采购程序、过程管理、审计与验收、项目管理资料等。

(5) 技术档案收集、整理、归档、保管等情况。

(6) 安全生产组织网络、规章制度、安全标志牌、风险识别、隐患排查治理、事故处理等。

(7) 水法律法规宣传学习、水政巡查、涉水项目管理、水事案件处理等。

(8) 工作场所环境卫生、绿化维护等。

(9) 工作任务分解、岗位责任落实、考核开展情况等。

(三) 单位年度综合考核

(1) 单位年度综合考核主要根据管理单位职能和年度重点工作任务按履职情况、党的建设、满意度评价等分类考核、综合评价,分出相应的考核等次。

(2) 履职情况主要考核工程管理、调度运行、防汛抗旱、安全生产、基本建设、河湖管理、水资源管理、水政管理、科技创新与信息化、预算绩效管理、水文化建设等方面。

(3) 党的建设主要考核政治建设、思想建设、组织建设、作风建设、党风廉政建设、精神文明建设和群团工作等。

(4) 满意度评价主要包括:上级主管部门负责人对单位效能提升、作风改进、廉政勤政等方面的评价;相关单位之间的互评;职工代表、党风廉政监督员的评价等。

(5) 具体考核内容和考核标准可结合实际情况制定。

(四) 工程管理考核

国家级水管单位依据水利部《水利工程管理考核办法》,省级水管单位依据《江苏省水利工程管理考核办法》开展考核工作。

三、考核主要流程

考核流程一般为听取汇报、查看现场、查阅资料、部门质询、讨论评议、考核赋分、确定等次、通报结果等。

第二节　职工实绩考核

参照《事业单位人事管理条例》《江苏省事业单位工作人员考核实施办法(试行)》等有关规定,管理单位应明确岗位工作标准,以职工的岗位职责和所承担的工作任务为依据,及时了解职工"德、能、勤、绩、廉"日常表现,重点考核工作实绩,考核可分为平时考核、年度考核等,考核结果可以分为优秀、合格、基本合格和不合格等档次。

一、岗位工作标准

(1) 工程管理单位要根据工作实际和岗位职责分工对各岗位人员提出具体的工作标准和要求。

(2) 岗位工作标准主要包括所长工作标准、副所长工作标准、技术管理岗位工作标准、护堤员工作标准等。

二、职工平时考核参考做法

(1) 宜按单位负责人、专业技术人员和工勤技能人员分类进行考核。其中单位负责人由上级主管部门考核,其他人员由本单位组织考核。一般每月或每季度进行一次。

(2) 职工平时考核指标由共性指标和个性指标构成。共性指标包括政治素质、职业道德、工作作风、廉洁自律、出勤情况等。个性指标包括工作数量、质量、效率,以及成效和业务能力等。

(3) 考核程序一般包括阶段目标任务确定、个人工作小结、审核评鉴、成果反馈、结果公示等。

(4) 考核结果可分为好、较好、一般和较差 4 个等次。好等次职工人数宜控制在参加平时考核同类人员数量的 30%以内。

三、职工年度考核参考做法

年度考核是对职工全年工作实绩的综合评价,将平时考核作为重要参考,如:当年平时考核结果好等次累计 3 次及以上的,年度考核可以优先确定为优秀等次;当年平时考核结果有一般、较差等次的,年度考核不得确定为优秀等次;当年平时考核结果一般、较差等次累计 3 次及以上的,年度考核应确定为基本合格或不合格等次;当年平时考核结果均为较差等次的,年度考核直接确定为不合格等次。

第三节　激励措施

管理单位应坚持精神鼓励与物质奖励相结合,建立奖惩激励制度,依据各类考核结果给予相应的奖惩。对考核结果优秀的单位和个人予以表彰奖励,对考核结果较差的单位和个人,予以必要处罚。

一、奖惩措施参考做法

(1) 设立汛前准备专项奖、工程管理日常考核奖、综合考核奖等奖项。可根据考核结果对单位设不同等次奖项分别进行奖励;根据个人的平时和年度考核情况,对考核结果为好等次的职工,以适当方式予以表扬和奖励,设立考核优秀等次,对优秀党员、先进工作(生产)者、工程管理先进个人、安全生产先进个人等进行表彰奖励。

(2) 对通过水利部、省级水利工程管理考核验收的单位,给予单位和职工相应的奖励。

(3) 为先进个人颁发荣誉证书,其事迹记入个人档案。

(4) 对先进个人在人才培养、职称评审、职务晋升、岗位聘用等方面享受优先条件或加分项。

二、处罚措施参考做法

(1) 对部、省级水利工程管理单位复审不合格或被取消原达标等级的单位,当年不得评为先进单位,单位领导不得评为先进个人,并对责任人进行责任追究。

(2) 当工程单位出现执行上级调度指令不力、发生安全责任事故、违规使用工程经费或违反国家法律法规等情形的,视情节对单位和责任人进行处罚,直至追究法律责任。

(3) 对平时考核结果为一般等次的职工,及时谈话提醒;对平时考核结果为较差等次的职工,加以批评教育。发现的违纪违法问题,按照有关纪律和法律法规处理。

(4) 对个人年度考核结果为基本合格或不合格的,视情节给予批评教育和相应处罚,情节严重的给予警告、记过、降低岗位等级或者撤职、开除等处分。

第四节　精细化管理评价

一、评价内容

堤防工程精细化管理内容包括管理任务、管理标准、管理流程、管理制度、内部考核、管理平台、管理成效等六个方面的评价。

二、评价组织

堤防工程精细化管理按照分级管理原则进行评价验收,市(县)所属管理单位精细化管理工作由设区市水行政主管部门组织评价验收,并接受江苏省水利厅检查监督;江苏省水利厅直属管理单位精细化管理工作由江苏省水利厅或其委托单位组织评价验收。

三、评价标准

(1) 堤防工程精细化管理评价实行1 000分制,其中:管理任务评价150分,管理标准评价120分,管理流程评价180分,管理制度评价100分,绩效管理评价100分,管理成效评价350分。管理单位和各级水行政主管部门依据评价标准进行赋分。

(2) 堤防工程精细化管理通过验收,评价结果总分应达到850分,且其中各大类得分率应不低于80%。

四、评价验收

1. 申请验收的管理单位应具备以下基本要求:

(1) 工程通过竣工验收,设施完好,无重大安全隐患;

(2) 通过省级及以上水利工程管理单位考核验收;

(3) 制定了精细化管理方案和年度目标计划;按计划实施了细化任务、落实责任、明晰标准、规范流程、完善制度和绩效管理等精细化管理相关工作;建立了信息化管理平台;精细化管理工作成效显著。

2. 管理单位应积极开展水利工程精细化管理工作,自评结果符合验收条件的,可向上级主管部门申请验收。

3. 水利工程精细化管理评价验收程序:

(1) 验收组织单位成立专家组,负责水利工程精细化管理评价工作;

(2) 评价工作主要包括:听取管理单位工作汇报,现场实地考察,查阅有关文件资料,专家质询、讨论、赋分等;

(3) 专家组根据相关资料和现场考察情况,对申报单位精细化管理工作进行综合评价,提出存在问题和整改意见,出具评价报告,提出能否通过水利工程精细化管理验收的建议。

4. 验收组织单位将评价报告报省水利厅,在江苏水利网公示7天且无异议后,由省水利厅批准公布。

五、后续管理

1. 对通过水利工程精细化管理验收的管理单位,各级水行政主管部门应结合省级水利工程管理单位复核和年度考核时进行检查。

2. 通过水利工程精细化管理验收的管理单位,凡出现以下情况之一的,予以取消。

(1) 精细化管理成效差;

(2) 被取消省级及以上水利工程管理单位资格;

(3) 发生较大及以上安全生产责任事故;

(4) 发生其他造成社会不良影响的重大事件。

第七章　**管理平台**

随着互联网、物联网、大数据、云计算等为代表的信息技术的迅猛发展，信息化、智能化建设已成为新时期水利工程管理的重要任务，管理单位要利用先进的信息化技术手段改变工程管理方式、提升管理效能，让管理工作落实更到位、调度控制更精准、过程管控更规范、信息掌握更及时、成效评价更便捷，提升现代化管理水平。管理单位应基于现代信息技术和水利工程管理发展新形势，切合堤防工程管理特点和实际需求，将信息化与精细化深度融合，重点围绕业务管理、工程监控两大核心板块，构建安全、先进、实用的信息化管理平台。平台建设要紧扣精细化管理的任务、标准、流程、制度、考核等重点环节，体现系统化、全过程、留痕迹、可追溯的思路，形成完整的工作链、信息流，实行管理任务清单化、工作要求标准化、作业流程闭环化、档案资料数字化、成效监管实时化，以水利工程管理信息化促进精细化更有效、更快捷地落地和推广。

第一节　平台建设

信息化管理平台建设要紧密结合精细化管理的工作要求，满足工程控制运用、检查观测、设备设施管理、养护维修、项目管理、安全管理、档案资料、制度标准、水政管理、任务管理、效能考核等方面的业务管理需要，力求具备较完整的水利工程管理信息化功能集，一般可设置综合事务、检查观测、养护修理、安全管理、项目管理等基本管理模块和移动客户端，具体模块和功能可视实际需求确定。

一、总体要求

(1) 管理平台应符合网络安全分区分级防护的要求，一般将工程监控系统和业务管理系统布置在不同网络区域。

(2) 管理平台要采用当今运用成熟、先进的信息技术方案，功能设置和内容要素符合水利工程管理标准和规定，能适应当前和未来一段时期的使用需求。

(3) 管理平台要切合水利工程业务管理特点，客户端符合业务操作习惯。系统具有清晰、简洁、友好的中文人机交互界面，操作简便、灵活、易学易用，便于管理和维护。

(4) 管理平台各功能块以工作流程为主线，实现闭环式管理。不同的功能模块间相关数据应统一标准、互联共享,减少重复台账。

二、模块基本功能

1. 综合事务。该模块是除主要管理业务以外,以管理任务落实与绩效考核为主的综合性模块,重在保证各项业务工作能有效开展。可设置任务管理、绩效考核、教育培训、制度标准、水政管理等功能项。

(1) 管理任务功能项可将管理任务进行细化分解、落实到人、主动提醒,并进行完成情况的跟踪监管,提高工作的执行力。

(2) 绩效考核功能项可进行个人绩效考核和单位(部门)效能考核,记录考核台账,个人工作业绩、单位管理成效可调取系统其他模块信息,进行综合评价。

(3) 教育培训功能项可制定培训计划并上报,记录培训台账,对培训工作进行总结评价,也可与个人业绩考核相关联。

(4) 制度标准功能项可录入查询规章制度、工作标准、工作手册、作业指导书等,也要反映制度标准的修订、审批过程信息。

(5) 水政管理功能项主要包括队伍管理、划界确权、执法巡查、涉水监管和普法宣传等,反映日常工作记录台账,可通过 GIS 地图查看工程管理范围线及桩(牌)矢量布置图、实地埋设的界桩、界牌、告示牌等已知点地理坐标信息。可对工程管理范围进行移动巡查,并记录违法违章事件处置全过程资料。

2. 检查观测。堤防和穿堤建筑物等管理是堤防工程业务管理的重点,将堤防以及穿堤建筑物划分段格,通过工程移动巡检、观测成果自动整编等方式,及时掌握工程动态信息,发现处理存在问题。工程检查按照重要性、不同阶段及不同工况分别确定相应的检查周期和内容,强调重点部位、汛期、运行期的工程检查。工程观测主要是对测量任务的明确落实和测量数据自动整编、成果应用。可设置日常检查、定期检查、试验检测、专项检查、工程观测等功能项。

(1) 日常检查功能项按照日常巡查、经常检查不同的工作侧重点,主要采用移动巡检的方式进行,预设检查线路、内容,任务可自动或手动下达给检查人员,对执行情况进行统计查询。对发现问题提交相应处置模块。

(2) 定期检查功能项可编制任务并下达给相应检查人员,检查人员按定期检查要求执行交办的检查任务,并将检查结果录入系统、形成报告,对存在问题进行处理,如需检修可进行相应功能模块。

(3) 试验检测功能项可录入查看工程年度预防性试验(蓄电池核容)、日常绝缘检测、防雷检测、特种设备检测等试验检测的统计情况,并对历年数据进行统计分析。对试验发现的问题可提交处理并查询处理结果。

(4) 专项检查功能项可根据所遭受灾害或事故的特点来确定检查内容,参照定期检查要求进行,重点部位应进行专门检查、检测或专项安全鉴定。对发现的问题应进行分析,制定修复方案和计划并上报。

(5) 工程观测功能项主要包括观测任务、仪器设备、观测成果和问题处置等,将垂直位移、河床断面、扬压力测量、伸缩缝测量等原始观测数据导入系统由系统自动计算,生成各观测任务的成果表、成果图，并能以可视化方式展示查询。

3. 养护修理。建立养护修理信息库，通过地理信息系统，定位养护修理位置，将养护修理日期、内容、成效等及时入库，建立养护修理台账。

4. 安全管理。安全管理遵循安全生产法规，结合安全生产标准化建设的要求，主要从目标职责、现场管理、隐患排查治理、应急管理、事故管理等方法设置功能项，部分内容可链接生产运行、检查观测、设备设施等功能模块信息，形成全过程管理台帐，对问题隐患进行统计查询、警示提醒和处置跟踪。

5. 项目管理。按照省水利工程维修养护项目管理相关规定，重点把控实施的计划性、规范性、及时性。针对计划申报、批复实施、项目采购、合同管理、施工管理、方案变更、中间验收、决算审核、档案专项验收、竣工验收、档案管理等方面工作，可设置项目下达、实施方案、实施准备、项目实施、验收准备、项目验收等功能项，实现全过程全方位的管理监督，可实时了解工程形象进度、经费完成情况和工作动态信息，实现网络审批，提高项目管理效率。

6. 移动客户端。为便于信息的及时发布查询，开发手机 APP 移动客户端，推送工程运行信息、工作事项提醒、工作实时动态、异常情况预警等。

第二节　平台管理

一、应用管理

1. 管理平台应由被授权人员进行操作、维护和管理，不得进行与运行管理无关的工作。

2. 管理单位应加强平台的应用，发挥好平台的作用。及时录入台账资料，发现数据异常及时分析处理，保证信息的准确性。

3. 管理单位应加强电子台账和数据备份，按规定报送信息。

4. 管理单位应根据运行管理条件和要求的变化，及时升级信息化平台。

二、系统安全

1. 工程监控系统应实行专网封闭管理，与外部系统物理隔离。

2. 管理单位应明确管理平台运维管理和网络安全责任主体，规范开展运维工作，保持系统安全稳定运行。

3. 管理单位要按照网络安全等级保护的要求，开展等级测评和安全防护工作。

附 录

附录 A　堤防管理常用表格

表 A. 1　堤防工程日常检查记录表

堤段名称：　　　　　　　　　　　　　　　　堤防桩号：

管理负责人：　　　　　　　　　　　　　　　记录人：

序号	检查项目	存在问题	处理意见
1	堤身外观		
2	堤身内部		
3	护堤地和堤防工程保护范围		
4	堤岸防护		
5	防渗及排水设施		
6	穿堤、跨堤建筑物及其与堤防接合部		
7	堤防工程附属设施		
8	防汛抢险设施		
9	生物防护工程		
10	其他		

检查人员（签名）：

检查日期：　　年　　月　　日

表 A.2　堤防工程定期(汛前)检查记录表

堤段名称：　　　　　　　　　　　　　　堤防桩号：

检查负责人：　　　　　　　　　　　　　记录人：

序号	检查部位		检查内容	存在问题	处理意见
1	堤身外观		堤身断面及堤顶高程是否符合设计标准		
			堤顶：是否坚实平整，堤肩线是否顺直；有无凹陷、裂缝、残缺，相邻两堤段之间有无错动；是否存在硬化堤顶与土堤或垫层脱离现象		
			堤坡：是否平顺，有无雨淋沟、滑坡、裂缝、塌坑、洞穴，有无杂物垃圾堆放，有无害堤动物洞穴和活动痕迹，有无渗水。排水沟是否完好、顺畅，排水孔是否顺畅，渗漏水量有无变化等		
			堤脚：有无隆起、下沉，有无冲刷、残缺、洞穴		
			混凝土有无溶蚀、侵蚀、冻害、裂缝、破损等情况		
			砌石是否平整、完好、紧密，有无松动、塌陷、脱落、风化、架空等情况		
2	堤身内部		检查堤身内部有无洞穴、裂缝和软弱层存在		
3	护堤地和堤防工程保护范围		背水堤脚以外有无管涌、渗水		
4	堤岸防护	坡式护岸	坡面是否平整、完好		
			砌体有无松动、塌陷、脱落、架空、垫层淘刷等现象		
			护坡上有无杂草、杂树和杂物		
			浆砌石或混凝土护坡变形缝和止水是否正常完好		
			坡面是否发生局部侵蚀剥落、裂缝或破碎老化，排水孔是否顺畅		
		坝式护岸	砌石护坡坡面是否平整、完好，有无松动、塌陷、脱落、架空等现象		
			砌缝是否紧密		
			散抛块石护坡坡面有无浮石、塌陷		
			土心顶部是否平整、土石接合是否严紧，有无陷坑、脱缝、水沟、獾狐洞穴		
		墙式护岸	混凝土墙体相邻段有无错动		
			变形缝开合和止水是否正常		
			墙顶、墙面有无裂缝、溶蚀，排水孔是否正常		
			浆砌石墙体变形缝内填料有无流失		
			坡面是否发生侵蚀剥落、裂缝或破碎、老化，排水孔是否顺畅		

续表

序号	检查部位		检查内容	存在问题	处理意见
4	堤岸防护	护脚	护脚体表面有无凹陷、坍塌		
			护脚平台及坡面是否平顺，护脚有无冲动		
			河势有无较大改变，滩岸有无坍塌		
5	穿堤建筑物与堤防接合部		穿堤建筑物与堤防的接合是否紧密，是否有渗水、裂缝、坍塌等现象		
			穿堤建筑物与土质堤防的接合部临水侧截水设施是否完好，背水侧反滤排水设施有无阻塞现象，穿堤建筑物变形缝有无错动、渗水、断裂		
			跨堤建筑物支墩与堤防的接合部是否有不均匀沉陷、裂缝、空隙等		
			上、下堤道路及其排水设施与堤防的接合部有无裂缝、沉陷、冲沟		
			跨堤建筑物与堤顶之间的净空高度，能否满足堤顶交通、防汛抢险、管理维修等方面的要求		
			穿跨堤建筑物有无损坏，对穿跨堤建筑物机电设备进行检查		
6	防渗及排水设施	防渗设施	排水沟进口处有无孔洞暗沟、沟身有无沉陷、断裂、接头漏水、阻塞，出口有无冲坑悬空		
		排水设施	减压井井口工程是否完好，有无积水流入井内；减压井、排渗沟是否淤堵；排水导渗体或滤体有无淤塞现象		
7	堤防工程附属设施	观测设施	各种观测设施是否完好，能否正常观测		
			观测设施的标志、盖锁、围栅或观测房是否丢失或损坏		
			观测设施及其周围有无动物巢穴		
		交通与通信设施	交通道路的路面是否平整、坚实		
			道路上有无打场、晒粮等现象		
			未硬化的堤顶道路有无交通卡等管护措施		
			堤顶交通道路所设置的安全、管理设施及路口所设置的安全标志是否完好		
			通信网的各种设施是否完好，能否正常运行		
			通信网的可通率是否符合要求		
			通信设施和通信设备的配置是否符合要求		
		其他附属设施	堤防上的千米里程碑、百米桩、界牌、界标、警示牌、护路杆等是否有丢失或损坏		
			堤岸防护工程的标志牌和护栏有无损坏、丢失		
			堤防沿线的护堤屋（防汛哨所）或管理房有无损坏、漏雨等情况		

续表

序号	检查部位	检查内容	存在问题	处理意见
8	防汛抢险设施	重点堤段是否按规定备有土料、砂石料、编织袋等防汛抢险料物		
		重要堤段是否按规定备(配)有防汛抢险的照明设施、探测仪器和运载交通工具		
		各种防汛抢险设施是否处于完好待用状态,防汛仓库是否完好		
9	生物防护工程	防浪林带、护堤林带的树木有无老化和缺损现象;是否有人为破坏、病虫害及缺水等现象		
		草皮护坡是否被雨水冲刷、缺损,人畜损坏或干枯坏死		
		草皮护坡中是否有荆棘、杂草或灌木		

检查人员(签名):
检查日期: 年 月 日

表 A.3 堤防工程定期(汛后)检查记录表

堤段名称: 堤防桩号:
检查负责人: 记录人:

检查内容	检查结果	备注(具体情况说明)
堤身损坏情况		
观测设施有无损坏(是/否)		
堤岸防护工程是否有沉陷、滑坡、崩坍、块石松动、护脚走失(是/否)		
险情记录洪水水印印记保管及施测情况		

检查人员(签名):
检查日期: 年 月 日

表 A.4 堤防工程特别检查记录表

堤段名称: 堤防桩号:
检查负责人: 记录人:

检查内容	检查结果	备注(具体情况说明)
事前检查:各项准备工作,堤防工程容易出险部位和堤防工程现存问题		
事后检查:非常运用及发生重大事故后堤防工程附属设施的损坏和防汛物料及设备动用情况		
大潮、热带风暴、台风期前检查:工程标准和坚固程度能否抵御大潮、热带风暴、台风		
大潮、热带风暴、台风期后检查:工程损坏情况及最高潮水位的观测记录		

检查人员(签名):
检查日期:年 月 日

表 A.5　堤防工程垂直位移观测成果表

始测日期		年 月　日	上　次 观测日期	年 月　日	本　次 观测日期	年 月　日	间隔　天
测　点		始测高程 (m)	上　次 观测高程 (m)	本　次 观测高程 (m)	间隔位移量 (mm)	累计位移量 (mm)	备 注
部位	编号						

表 A.6　堤防工程测压管水位观测记录表

部位：__________　测压管编号：__________　管口高程：________ m　观测方法：__________

观测日期			时间		管口至管内水面距离(m)			测压管 水位(m)	上游 水位(m)	下游 水位(m)
年	月	日	时	分	一次	二次	平均			

观测：____________　记录：____________　一校：____________　二校：____________

表 A.7　堤防工程测压管水位统计表

观测时间				水位(m)		测　压　管　水　位(m)					
月	日	时	分	上游	下游						

表 A.8　堤防工程河道断面观测成果表

断面编号			里程桩号			观测日期		
点号	起点距 (m)	高程 (m)	点号	起点距 (m)	高程 (m)	点号	起点距 (m)	高程 (m)

注：起点距从左岸断面桩起算，以向右为正，向左为负。

表 A.9 堤防工程河道断面冲淤量比较表

工程竣工日期　　　　上次观测日期　　　　本次观测日期　　　　计算水位：　　m

断面编号	里程桩号	计算水位断面宽(m)			深泓高程(m)			断面积(m^3)			断面间距(m)	河床容积(m^3)			间隔冲淤量(m^3)	累计冲淤量(m^3)
		标准断面	上次观测	本次观测	标准断面	上次观测	本次观测	标准断面	上次观测	本次观测		标准断面	上次观测	本次观测		

表 A.10　堤防工程水政巡查记录表式

单位名称：　　　　　　　　　　　　　　　　　　　　　　　　编号：

巡查日期	
巡查人员签名	
巡查地段	
巡查内容	
存在问题及处理意见	

表 A.11　堤防工程水行政执法巡查月报表

巡查人数	巡查次数	巡查重点	违章建筑（m^2）	违章圈圩（亩/处）	违章取土	违章占用（m^2）	违章凿井	违章种植（亩）	网、簖	违章坝埂	备注
案件查处（件）	案件受理（件）		案件类型（件）					案件执行情况（件）			备注
	现场处理	立案查处	水资源案	河道案	水工程案	水土保持案	其他案	结案数	上月遗留数	当月查案数	

典型情况（具体事由及处理情况）：

审核人：　　　　　　　　填报人：　　　　　　　　填报日期：　年　　月　　日

表 A.12　堤防工程涉河建设项目管理巡查记录及整改意见表

<table>
<tr><td>项目名称</td><td colspan="3"></td></tr>
<tr><td>建设地点</td><td colspan="3"></td></tr>
<tr><td>建设单位</td><td></td><td>开工时间</td><td></td></tr>
<tr><td>施工单位</td><td colspan="3"></td></tr>
<tr><td>巡查单位</td><td></td><td>巡查日期</td><td></td></tr>
<tr><td>巡查人员</td><td></td><td></td><td></td></tr>
<tr><td>巡查情况及
存在问题</td><td colspan="3"></td></tr>
<tr><td>处理意见</td><td colspan="3"></td></tr>
<tr><td>检查单位及参加人员(签名)</td><td colspan="3"></td></tr>
<tr><td>被检查单位及参加人员(签名)</td><td colspan="3"></td></tr>
<tr><td>备　　注</td><td colspan="3"></td></tr>
</table>

填表人：

表 A. 13　档案借阅登记表

序号	日期	单位	案卷或 文件题名	利用 目的	期限	卷号	借阅 人签字	归还 日期	备注

表 A. 14　档案库房温度湿度记录表

库房号	时间 （ 年 月 日 时 分 ）	温度(℃)	湿度(%RH)	记录人	备注

附录B 典型作业指导书

B.1 洪泽湖大堤省管段日常检查作业指导书

1 适用范围

本作业指导书适用于洪泽湖大堤省管段日常检查，包括洪泽湖水位低于 13.5 m 时的巡视检查和水位 13.5 m 及以上时的巡堤查险。

2 规范性引用文件

下列文件中的条款通过本规程的引用而成为本规程的条款。

《江苏省水利工程管理条例》;

《江苏省河道管理条例》;

《河道堤防工程管理通则》(SLJ 703—81);

《江苏省堤防工程技术管理办法》。

3 基本情况

洪泽湖大堤是淮河下游重要流域性防洪工程，位于洪泽湖东岸，北起淮阴区码头镇，南至盱眙县张大庄，全长 67.25 km，始建于公元 200 年(东汉建安五年)，后经历代修建，特别是明清两代，逐步将土堤加做石工墙。中华人民共和国成立后，又进行了 5 次较大规模加固，形成目前状态。洪泽湖大堤为 1 级堤防，设计水位 16.0 m，校核水位 17.0 m，堤顶高程 19.5 m，湖底平均高程 10.5 m，防浪林台面高程 14.5 m。洪泽湖大堤上承淮河上中游 15.8 万 km^2 的洪水，下保苏北里下河地区 3 000 万亩农田和 2 600 多万人民的生命财产安全，任何时候都必须确保安全。洪泽湖大堤省管段由洪泽湖水利工程管理处管理，长 32.35 km (桩号 34K＋900～67K＋250)，横向管理范围：迎水侧至坡脚外 10 m，背水侧至顺堤河外坡顶，无顺堤河的至坡脚外 10～50 m(以确权为准)。

堤防检查是堤防管理最基础工作，堤防检查不到位，就不能及时发现问题，小问题可能酿成大事故，危及堤防安全。堤防日常检查，是堤防管理单位基本职责，是确保堤防安全完整的关键所在，也是工程精细化管理的基本要求，须认真细致落实到位。

4 作业任务

4.1 总体目标

洪泽湖堤防日常检查的总体目标是，实现检查全面覆盖、隐患及时发现，为省管洪泽湖大堤工程维修、抢险提供基础信息和决策依据，推动工程精细化管理在堤防检查工作中的落细落实，确保省管洪泽湖大堤全时段、全天候的全线安全。

4.2 检查范围

包含堤防管理范围、保护范围各部位，具体包含一级坡、防浪林台、二级坡、堤顶、背水坡面、戗台、堤脚、护堤地、顺堤河、护堤房、附属设施等，以及保护范围内的人类活动、异常现象等。

5 作业标准

5.1 总体方案

调整队伍结构，划分检查段格，明确人员责任，确定检查范围、频次、路线、内容、方法，落实保障、优化手段，提升管理能力，严格考核评价，创建堤防段格化检查模式，建立健全省管洪泽湖大堤精细化管理任务到班组、责任到人员的工作机制。

5.2 检查段格划分

将所辖堤防分为七个检查段，第一段 34K＋900～41K＋000，第二段 41K＋000～45K＋000，第三段 45K＋000～49K＋000，第四段 49K＋000～56K＋000，第五段 56K＋000～60K＋646，第六段 60K＋646～61K＋556，第七段 61K＋556～67K＋250。其中第一段至第五段由堤防管理所负责，第六段由船闸管理所负责，第七段由三河闸管理所负责。

将上述七个检查段每段细分为若干格，全堤共划分为 7 段 16 格，具体见下表。

省管洪泽湖大堤检查段格划分表

序号	检查段	检查格	编号
1	34K＋900～41K＋000	34K＋900～37K＋000	1-1
		37K＋000～39K＋000	1-2
		39K＋000～41K＋000	1-3

续表

序号	检查段	检查格	编号
2	41K+000～45K+000	41K+000～43K+000	2-1
		43K+000～45K+000	2-2
3	45K+000～49K+000	45K+000～47K+000	3-1
		47K+000～49K+000	3-2
4	49K+000～56K+000	49K+000～52K+000	4-1
		52K+000～54K+000	4-2
		54K+000～56K+000	4-3
5	56K+000～60K+646	56K+000～58K+000	5-1
		58K+000～60K+646	5-2
6	60K+646～61K+556	60K+646～61K+556	6-1
7	61K+556～67K+250	61K+556～63K+000	7-1
		63K+000～65K+000	7-2
		65K+000～67K+250	7-3

5.3　检查人员配置

每段配备 3～4 人组成检查组，每格明确 1 名段格员为该格检查责任人，每段明确段长 1 名，负责协调该段检查工作。

每次检查不少于 2 人，段长负责协调检查组内人员，同一段内人员之间可相互配合检查。

各单位可统筹日常工作，将堤防检查与湖泊巡查、水政巡查、安全检查有机结合起来。

5.4　检查设施配置

5.4.1　检查交通

三河闸管理所、船闸管理所的管理段格，以及堤防管理所管理的第一段堤防（34K+900～41K+000），使用电动车巡视检查。堤防管理所管理的第二段（41K+000～45K+000）至第五段堤防（56K+000～60K+646）可租赁机动车巡视检查，该 4 段堤防的检查可结合其他工作安排，时间上可错开，亦可同时检查。两组同时检查时，可租用 5 座汽车，三组或四组同时检查时可按需租用车辆，遇特殊情况需要增加检查频次和人员的，可临时增加租赁交通工具。

5.4.2　检查信息管理系统

省管洪泽湖大堤工程段格日常检查搭载洪泽湖网格化管理平台，与洪泽湖网格化管理相融合。每个检查组配备管理终端 1 台，检查班组将检查轨迹、图片、文字等及时上传，管理所逐日登记，逐周统计，逐月上报，每年考核。有关记录、电子资料及时整理，按年度归档。

5.5　检查频次及检查重点

5.5.1　洪泽湖水位低于 13.5 m 时

(1) 洪泽湖水位低于 13.5 m 时的日常检查，分为日常重点检查和日常全面检查。

(2) 日常重点检查是指重要堤段、隐患部位、重要事项的巡视检查。每日不少于 1 次，管理单位可结合湖泊巡查、水政巡查、安全检查、节假日值班检查等进行检查。

(3) 日常全面检查指对堤防管理范围、保护范围各部位的普查，包括一级坡、防浪林台、二级坡、堤顶、背水坡平台、堤脚、护堤地、顺堤河、护堤房、附属设施、保护范围人为活动等方面的检查。日常全面检查应在一个检查周期内完成，一个检查周期一般为 1 个月。

(4) 洪泽湖水位低于 11.5 m 时，应加强一级坡及坡脚抛石情况的检查，每月不少于 2 次。洪泽湖水位 12.5～13.5 m 时，应加强背水坡堤脚检查，每月不少于 2 次。

(5) 日常全面检查线路可依次为堤顶、一级坡(连带防浪林台)、二级坡、背水坡平台、堤脚、顺堤河(连带护堤地)、保护范围等，各班组可结合实际情况合理确定。

5.5.2　洪泽湖水位 13.5 m 及以上时

(1) 预报洪泽湖水位可能超过 13.5 m 时，对工程普查一遍，1 周内完成。

(2) 洪泽湖水位 13.5～14.0 m 时，重点检查堤防背水坡、堤脚有无险情，每日不少于 1 次。可在全处范围内调配人员参加检查。

(3) 洪泽湖水位超过 14.0 m 时，每日检查重点扩大到背水坡、堤脚、护堤地、迎水侧靠水着流部位，每日 2～3 次，必要时增加夜间巡视检查班次。在全处范围内调配人员参加检查，同时按防洪预案规定报请淮安市洪泽区防汛防旱指挥部派员巡查驻守。

(4) 洪水回落后及时对工程全面检查，1 周内完成。

5.6　检查内容

5.6.1　洪泽湖水位低于 13.5 m 时

(1) 堤身检查主要内容。堤顶是否坚实平整，有无凹陷、裂缝、残缺，相邻两堤段之间有无错动，是否存在硬化堤顶与土堤或垫层脱离现象；堤坡、戗台是否平顺，有无雨淋沟、滑坡、裂缝、塌坑、洞穴，有无杂物垃圾堆放，有无害堤动物洞穴和活动痕迹，有无渗水；坡脚有无隆起、下沉，有无冲刷、残缺、洞穴；混凝土结构有无溶蚀、侵蚀、冻害、裂缝、破损等情况；砌石是否平整、完好、紧密，有无松动、塌陷、脱落、风化、架空等情况。

(2) 护堤地和保护范围检查主要内容。背水堤脚外有无管涌、流土、渗水等现象，排水沟有无堵塞；有无取土、打井、埋坟、放牧、破坏林木等活动。

(3) 堤岸防护工程检查主要内容。坡式护岸坡面是否平整、完好，砌体有无松动、塌陷、脱落、架空、移位、垫层淘刷等现象，有无杂草、杂树和杂物等；护脚体表面有无凹陷、坍塌，护脚平台及坡面是否平顺；防浪林台有无冲刷、排水是否通畅。

(4) 穿堤建筑物及其堤防接合部检查主要内容。穿堤建筑物与堤防的接合是否紧密，是否有渗水、裂缝、坍塌现象；穿堤建筑物与土质堤防的接合部临水侧截水设施是否完好，穿堤建筑物变形缝有无错动、渗水、断裂。

(5) 堤防工程附属设施检查主要内容。各种观测设施是否完好，能否正常观测，观测设施的标志、盖锁、围栅或观测房有无损坏；堤顶设置的安全、管理、通信等设施是否完好；堤防里程碑、百米桩、界牌、警示牌、护路杆等是否有完好无损；护堤房有无损坏、漏雨等情况；防汛道路是否破损。

（6）防汛抢险设施检查主要内容。防汛块石有无坍塌或滋生植物，标牌是否完好；各种防汛抢险设施是否处于完好待用状态，防汛仓库是否完好；备用电源是否可靠

（7）生物防护工程检查主要内容。防浪林带、护堤林带的树木有无缺损、风倒、断枝等现象；是否有人为破坏、病虫害及缺水现象；草皮护坡是否被雨水冲刷、缺损，人畜损坏或干枯坏死；草皮护坡中是否有荆棘、高秆杂草。

5.6.2　洪泽湖水位 13.5 m 及以上时

预报洪泽湖水位可能超过 13.5 m 时，对一级坡、防浪林台、二级坡、堤顶、背水坡平台、堤脚、护堤地、顺堤河、护堤房、附属设施等部位普查一遍，发现问题及时处理，并做好各项防御大洪水准备工作。高水位期间重点检查堤防背水坡有无滑坡、裂缝，坡脚有无渗水，护堤地有无洇潮、管涌、流土，堤防靠水着流部位有无冲刷、坍塌、裂缝，原有渗水点水量有无变化等情况；对异常部位安排专人定点监测；洪水过后及时对工程全面检查。

5.7　检查方法和注意事项

5.7.1　洪泽湖水位低于 13.5 m 时的检查方法

（1）突出重点，并在一个检查周期内覆盖堤防管理范围、保护范围各部位。做到重点检查和全面相结合，重点部位检查频次应较高。

（2）采用腿走、眼看、耳听、手摸等传统方法，可辅以合适的铁锹、镰刀、探水杆等工具。

（3）对一级坡、二级坡、防汛块石、道路等部位滋生的少量低矮木本植物应及时清除，若滋生植物较多较大，应记录位置和数量，提出处理建议。

（4）将存在问题拍照上传并简要描述，上传巡视检查轨迹。

（5）填写检查表。一个检查周期结束要做好汇总、分析和小结。

5.7.2　洪泽湖水位 13.5 m 及以上时的检查方法

（1）防汛紧张期间，整合全处力量巡堤查险，同时按防洪预案规定报请淮安市洪泽区防汛防旱指挥部派员巡查驻守。

（2）堤防管理单位对检查人员开展现场培训，培训内容包括安全要领、险情特征、检查方法、工作纪律等。

（3）细化堤防检查工作分段，每个堤段按需设置多个检查组，每组 3～5 人，每组人员相对固定。

（4）明确检查路线、检查重点部位，制定路线图、任务表。一般采用往返检查方法，可先检查背水坡、堤脚，再检查迎水坡，再检查护堤地，对隐患、险情部位重点检查。

（5）检查组人员一起成横排前进，背水侧检查时人员分头走平台、堤坡、堤脚等，观察堤坡有无渗水、裂缝、滑坡和漏洞，以及堤脚附近有无洇潮、渗水、管涌、流土等险情。迎水坡检查时人员分头分别走堤顶、堤坡、水边等，观察堤坡有无裂缝、塌陷、滑坡、洞穴、冲刷等险情，在风大流急或水位骤降时，要特别查看堤坡有无崩塌现象。护堤地检查时人员间距 10～20 m 并头前行，检查范围覆盖堤脚外 50～100 m，遇有水域时顺圩埂行走，重点检查地面有无洇潮、管涌、流土，以及水域有无冒水、翻沙等险情。

（6）走水边人员应携带探水杆，借波浪起伏察看堤坡有无险情，注意观察水面有无漩

涡、回流等异常现象，对异常部位用探水杆探摸水下堤坡有无坍塌、冲刷情况；其他人员要携带铁锹、镰刀等工具辅助探查；组长携带信息管理终端，收集资料，及时上传。

(7) 夜间检查应配备良好的照明设备。

(8) 检查人员发现异常应共同观察、分析，发现险情及时上报，并跟踪监测或实行专人定点监测，裂缝应专门观测，定期复测。

(9) 每段每日填写检查表一张。

5.7.3 巡堤查险注意事项

(1) 检查人员均应穿好救生衣，携带口哨，必要时携带救生绳，检查中保持联系。

(2) 相邻两个堤段检查组应向对方负责的堤段交叉检查不少于 50 m，避免漏查。

(3) 为了便于巡堤查险，必要时应修剪堤坡、堤脚、护堤地等处杂草，间伐灌木。

(4) 检查人员要服从指挥，严格执行检查制度和交接班制度等规章制度。

(5) 关于堤防防汛检查，可采用“5533”工作法，即注意“五时”“五到”“三清”“三快”。“五时”指“黎明时、吃饭换班时、黑夜时、狂风暴雨时、落水时。”“五到”指“眼到、手到、耳到、脚到、工具料物随人到。”“三清”指“险情要查清、报告险情要说清、报警信号和规定要记清。”“三快”指“发现险情快、报告险情快、抢护快。”

5.8 异常情况处理

(1) 堤防检查时如发现异常情况，检查人员除上传图片、说明外，还应及时向上级电话报告，并在现场做好明显标记，详细记录异常情况。

(2) 检查中发现严重隐患或险情，应立即电话报告，留守在现场密切关注隐患或险情发展，等待单位领导、技术人员到来。

(3) 检查中发现违规打井、钻探、爆破、挖筑鱼塘、取土等危害堤防安全活动，或发现盗伐树木、使用明火、违法违章建设等行为，应及时制止，在记录中详细写明情况（含时间、部位、事件描述等）并向上级报告；对于情节严重、危害较大、不可控的行为，应及时拨打 110 或 119 报警。

6 作业流程

(1) 洪泽湖水位低于 13.5 m 时的日常检查流程图参见图 B.1.1。

(2) 洪泽湖水位 13.5 m 及以上时的日常检查流程参见图 B.1.2。

7 制度与考核

参见管理所有关巡视检查制度和内部管理考核规定。

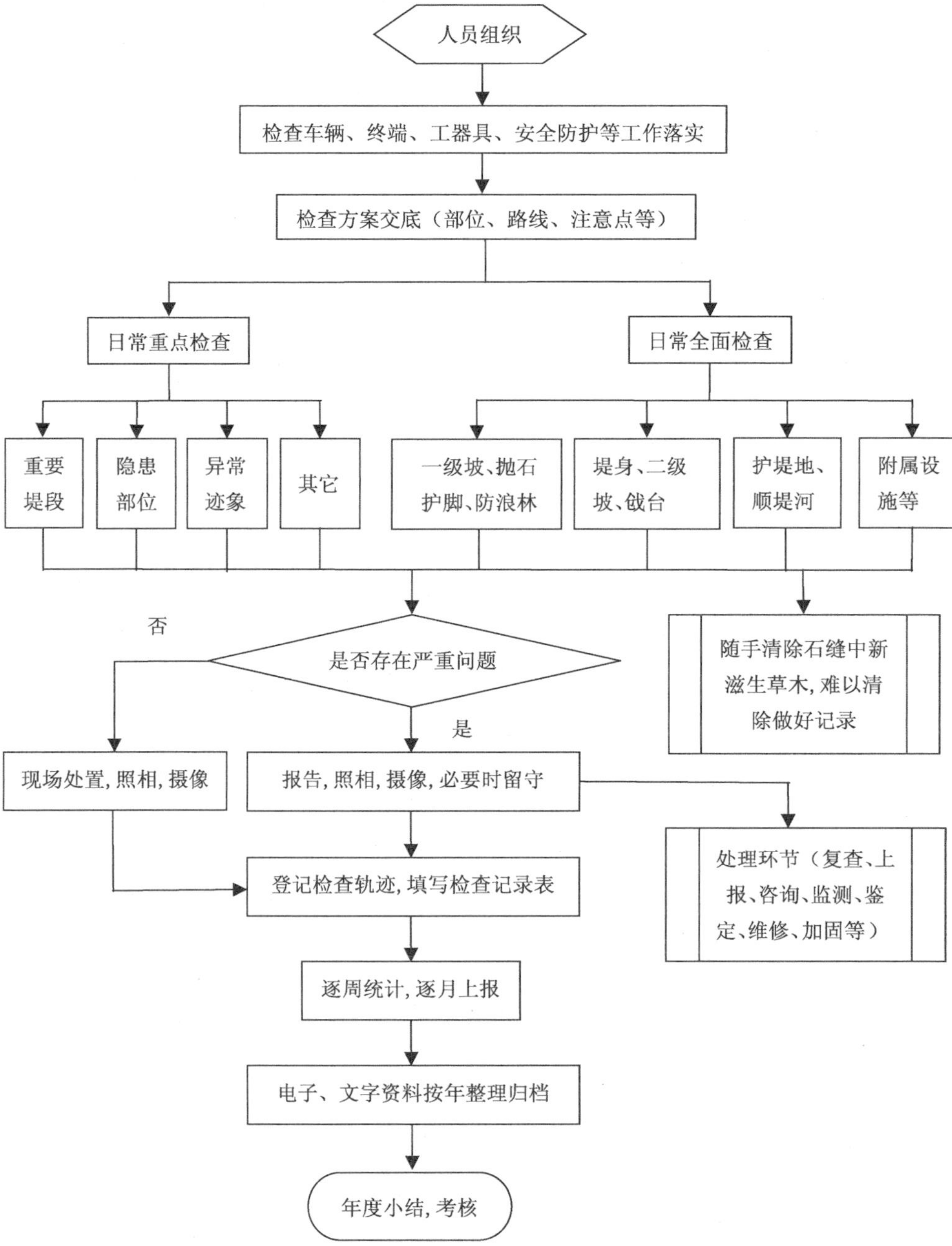

图 B. 1. 1　洪泽湖水位低于 13. 5 m 时日常检查流程

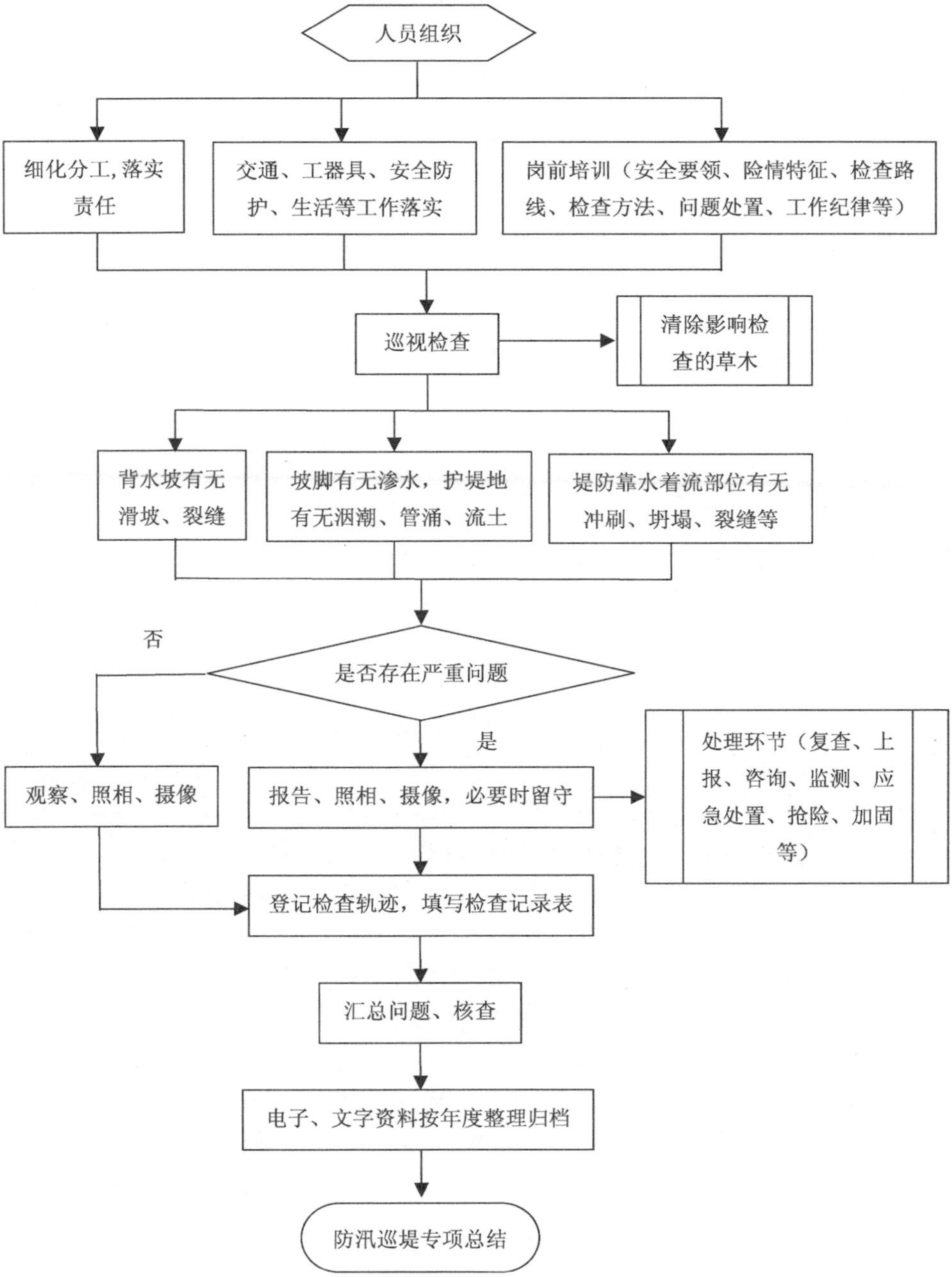

图 B. 1. 2　洪泽湖水位 13. 5 m 及以上时日常检查流程

B.2 洪泽湖大堤省管段渗流观测作业指导书

1 适用范围

本作业指导书适用于洪泽湖大堤省管段渗流观测工作，包括测压管管口高程考证、水位观测、灵敏度试验、管内淤积高程观测等内容。

2 规范性引用文件

下列文件中的条款通过本规程的引用而成为本规程的条款。

《江苏省水利工程管理条例》；

《江苏省河道管理条例》；

《河道堤防工程管理通则》(SLJ 703—81)；

《水利工程观测规程》(DB32/T 1713—2011)；

《江苏省堤防工程技术管理办法》。

3 基本情况

洪泽湖大堤位于洪泽湖东岸，北起淮安市码头镇，南至盱眙县张大庄，全长 67.25 km，其中 32.35 km(里程桩号 34K+900～67K+250)为省管段，由江苏省洪泽湖水利工程管理处管理。洪泽湖大堤始建于东汉，扩建于明清，加固于当代，是一座千年古堰。历史上经历无数次决口，毁而复建，不断加高培厚，因此堤身内部不密实，存在空洞、乱石、埽工等隐患。中华人民共和国后历经 5 次较大规模加固改造，目前防洪标准基本达到百年一遇。

洪泽湖大堤为 1 级堤防，设计水位 16.0 m(废黄河高程系，下同)，校核水位 17.0 m，堤顶高程 19.5 m，湖底平均高程 10.5 m，省管段堤前防浪林台面高程 14.5 m，堤后设置两级戗台。洪泽湖大堤上承淮河上中游 15.8 万 km^2 的洪水，下保苏北里下河地区 3 000 万亩农田和 2 600 多万人民的生命财产安全，任何时候都必须确保安全。

洪泽湖大堤省管段设置 16 组测压管，共 75 根，分布于 34K+900 至 60K+646 堤身，其中 2015 年新增的 8 组采用自动观测、人工校测调整，其余原布设的 8 组采用人工观测。人工观测的测压管具体分布见表 B.2.1。

表 B.2.1 洪泽湖大堤省管段人工观测测压管分布一览表

里程桩号	地理位置	数量(根)	测压管编号	备注
36K+924	老二段	6	72034、72035、72036、72037、72038、72039	1996 年
39K+212	老三段	6	72028、72029、72030、72031、72032、72033	1996 年

续表

里程桩号	地理位置	数量(根)	测压管编号	备注
47K+019	黄罡寺	6	72022、72023、72024、72025、72026、72027	1996 年
52K+937	老十一段	4	72017-1、72018、72020、72021	1996 年
51K+972	智坝	4	J01033、J01035、J01036、J01037	2000 年
52K+026	三坝	4	J01038-1、J01038-2、J01038-3	2000 年
53K+192	九龙湾	4	J01039、J01040-1、J01041、J01043	2000 年
56K+130	五里牌	4	J01047-2、J01048-1、J01049、J01050	2000 年
合计		38		

4 管理任务及落实

4.1 管理任务

根据省水利厅以苏水管〔2012〕80 号文件批复的洪泽湖大堤省管段观测任务书，测压管观测项目及频次见表 B.2.2。

表 B.2.2 洪泽湖大堤省管段测压管观测项目

序号	观测项目	观测时间与测次	观测方法	精度要求	观测成果要求
1	测压管管口高程考证	每年一次，汛前组织	四等水准单程观测	0.01 m	测压管管口高程考证表
2	测压管水位观测	2 次/月，一般每月 15 日、30 日	电测水位法	0.01 m	测压管水位统计表、测压管水位过程线
3	测压管灵敏度试验	每五年一次或测压管水位变化异常时	注水试验	0.01 m	测压管注水试验成果表
4	测压管内淤积高程观测	每五年一次，汛前组织	普通测锤	0.01 m	测压管淤积深度统计表

4.2 作业组织

4.2.1 责任分工

测压管观测工作由管理所行政负责人总负责，工管股分工负责，水工、测量或相近专业 1 名技术人员具体落实。该同志应熟悉观测规程和任务书，接受过上级主管部门的业务培训，热爱水利工作，有责任心。

管口高程考证、测压管水位观测、灵敏度试验、管内淤积高程观测等，由工管股按管理所年度工作计划负责组织。

4.2.2 观测人员

测压管水位观测应由 2 名观测人员进行操作。1 人负责操作电测水位计，1 人负责记录数据并负责安全管理。

测压管灵敏度试验应由3名观测人员进行操作。1人负责操作向测压管内注水，1人负责操作电测水位计，1人负责记录数据和安全管理。

测压管内淤积高程观测应由2名观测人员进行操作。1人负责操作电测水位计，1人负责记录数据并负责安全管理。

测压管管口高程考证应由4名观测人员进行操作。1人负责水准仪操作，2人各负责前后1根水准尺扶正，1人负责现场安全管理和协调。

4.2.3 工作计划安排

将测压管观测任务列入管理所工程管理年度任务清单，分月部署落实。

每年7月10日前，管理所组织半年资料整编内审。

次年1月10日前，管理所组织年度资料整编内审，重点进行观测成果分析。内审合格的成果资料，报管理处审查。

5 管理标准

5.1 总体规定

5.1.1 确保测压管观测作业活动人员和设备安全。

5.1.2 观测时间、测次、方法、精度等符合表B.2.2的规定。

5.1.3 按规定时间对测压管水位观测资料进行统计，形成统计表，绘制过程线；制作管口考证、灵敏度试验、淤积深度等观测成果表。

5.1.4 测压管观测成果通过上级主管部门审查、考核后应达到优秀等次。

5.1.5 成果应用于洪泽湖大堤的防汛抗旱、工程管理、除险加固、科学研究等。

5.2 作业前准备

5.2.1 观测现场

测压管管口高程考证前，管理单位应组织技术人员现场勘查，了解国家水准点、工作基点、测压管等是否完好，转点、中间点等标志是否丢失，有无影响观测的杂树、杂草、杂物等障碍物。

分析现场安全风险，落实观测作业安全措施计划。及时清理影响观测的树障、杂草等，保持观测道路畅通和视线通透。

5.2.2 观测人员

应保持身体健康，无影响观测工作的疾病，精神状态良好。

应经过管理处(所)测压管水位观测培训，熟悉观测工作内容和程序。

应遵守劳动纪律，严禁观测作业期间饮酒。

应明确测压管布置、观测路线、观测项目以及周围环境特点，分析安全风险，落实安全风险排查，学习并熟悉作业指导书。

5.2.3 仪器工具

观测人员应准备好观测所需仪器工具，见表B.2.3。检查仪器是否完好，水准仪是否经过年度校验，电量是否满足使用要求，工具读数是否清晰、准确等。

表 B.2.3 测压管观测仪器工具

序号	观测项目	所需仪器工具
1	测压管管口高程考证	电子水准仪 1 部、条码铟钢尺 2 根、三脚架 1 个、尺垫 2 个、皮尺/测距仪、扳手等
2	测压管水位观测	电测水位计、5 m 钢卷尺、2H 铅笔、扳手、记录簿等
3	测压管灵敏度试验	水桶、量杯、漏斗、计时器、电测水位计、扳手、2H 铅笔、记录簿等
4	测压管内淤积高程观测	测锤、5 m 钢卷尺、扳手、2H 铅笔、记录簿等

备注:(1) 同时可配备观测工具箱,内附手套、反光警示背心、红花油、风油精、草帽、签字笔、工作笔记等安全防护和工作用品。
(2) 水准仪应经过年度校验且合格。

5.2.4 安全风险防控

夏季测量作业时应做好防暑降温措施;冬季测量作业时应做好防寒保温措施。

测压管水位观测时,应注意堤顶公路来往车辆情况,及时避让;打开测压管保护井盖时要戴好防护手套,防止蚊虫(尤其是蜈蚣)叮咬。

夏季观测作业时宜选择较为凉爽的早或晚时段进行,并配好防暑降温用品;冬季观测作业时宜选择气温较高的中午时段进行,观测人员穿戴保暖衣物,防止冻伤。

5.3 作业程序

5.3.1 测压管管口高程考证程序

测压管管口高程考证应按四等水准测量要求进行,观测方法和精度要求应符合《水利工程观测规程》(DB32/T 1713—2011)要求。观测时注意先用扳手拧下测压管管口螺栓,再将水准尺放在管口上。

观测线路应进行设计。从附近的国家二级水准点或工作基点引测,转点和中间点设置专门标志,便于仪器架设,注意视距差、测站偶数等要求。

5.3.2 测压管水位观测程序

测压管水位观测采用电测水位计法。电测水位计一般由提匣、吊索和测头三部分构成,提匣内装干电池、指示器和手摇滚筒;滚筒上缠电线(常兼作吊索),此种电线应力求柔软坚韧,不易受温度影响;吊索每隔 1 m 应有长度标志;电线末端接测头;测绳长度标记,应每隔 3 个月用钢尺校正一次。

观测时,搬开测压管管口保护井盖板,拧开测压管管头保护螺栓,将测头徐徐放入管内,待指示器反应后,将吊索稍许上提,到指示器不起反应时,再慢慢上下数次,趁指示器开始反映的瞬间,捏住吊索与管口相平处的吊索,量读管口至管中水面间的距离,并记录原始数据。

独立观测两次,最小读数至 0.01 m,两次读数差不得大于 0.02 m,取其平均值,将数据记入测压管水位观测记载薄。

测压管水位高程(m)=测压管管口高程—管口至管中水面间的距离—测头入水所引起的水位壅高量(取值为 0)。

观测测压管管中水位的同时,须观测堤防工程上、下游水位。

5.3.3 测压管灵敏度试验程序

测压管灵敏度试验采用注水法。

试验前，搬开测压管管口保护井盖板，拧开测压管管头保护螺栓，先测定管中水位，然后向管中注入清水，一般情况下，用水将导管灌满，测得注水水面高程后，分别以5、10、15、20、30、60 min的间隔测量水位一次，以后时间可适当延长，直至水位回降至原水位并稳定2 h为止。记录测量结果，并绘制水位下降过程线。

管内水位在下列时间内恢复到接近原来水位的，可认为合格：黏壤土5 d；砂壤土24 h；沙砾料12 h。如管内水位长时间未恢复到接近原来水位的，则测压管可能已经堵塞，相反，如管内水位没有上升或上升很少且下降很快，则测压管滤箱可能失效或与上下游贯通等。

5.3.4 测压管内淤积高程观测程序

测压管内淤积试验采用测锤法进行。

观测时，搬开测压管管口保护井盖板，拧开测压管管头保护螺栓，将测锤徐徐放入管内，待测锤接触管底后，将吊索稍许上提到测锤离开管底，再慢慢上下数次，趁测锤接触管底的瞬间，捏住吊索与管口相平处的吊索，量读管口至管底间的距离，记录原始数据。

独立观测两次，最小读数至0.01 m，两次读数差不得大于0.02 m，取其平均值，将数据记入测压管内淤积高程观测记录表。

当管内淤积物已影响观测，应即分析淤积原因，进行处理。测压管被碎石、混凝土或其他材料堵塞，应及时进行清理。

5.4 作业结束

观测作业完成后，作业人员应整理好观测仪器，关闭其电源，有序放进仪器盒；

拧好测压管管口保护螺栓，盖好测压管保护井盖板；

清理现场，保持周围环境整洁。

5.5 资料整理

5.5.1 测压管管口高程考证

水准测量结束后，首先应检查观测线路闭合差是否符合要求。如不符合，则应重新观测。

检查本次观测管口高程与上次观测差值。如大于等于1 cm，则需要修正；如小于1 cm，则不予修正。

对管口高程修正的测压管，观测人员应填制管口高程考证表，在观测手簿上记录新的高程，并以新高程计算测压管水位。

测压管考证表中，应将埋设时的具体情况、结构布局及首次观测的管口高程填入本表，并绘制结构布局简图。

5.5.2 测压管水位观测

根据测压管水位观测记载手簿，按观测断面分别制作年度测压管水位统计表。

根据测压管水位统计表，按观测断面，将每根测压管水位统计数据按时间顺序点绘在同一幅图内，同时绘出上、下游水位过程线，形成年度测压管水位过程线。一般采用EXCEL软件自动生成。

5.5.3 灵敏度试验

根据试验结果，按断面、测压管编号，填制测压管灵敏度试验记录成果表，判别每根测压管是否灵敏。

5.5.4 管内淤积高程观测

根据观测并计算所得的测压管淤积厚度，填制测压管淤积深度统计表。对淤积、堵塞影响正常观测的，应提出处理建议。

5.6 成果分析

分析年度测压管水位过程线，查找有无高于上游水位、低于下游水位等异常现象。如有，则从上游水位变化、工程施工、土质、堤顶车辆通行等方面分析原因。

统计、分析测压管管口高程的调整情况。

统计测压管灵敏度试验合格和不合格的数量及百分比。

统计测压管完好率指标。

结合淤积深度观测结果，对淤塞、堵塞的测压管，提出冲洗、重新埋设等处理建议。

6 管理流程

测压管管口高程考证、水位观测、灵敏度试验和管内淤积高程观测作业流程，分别见图B.2.1、图B.2.2、图B.2.3、图B.2.4。

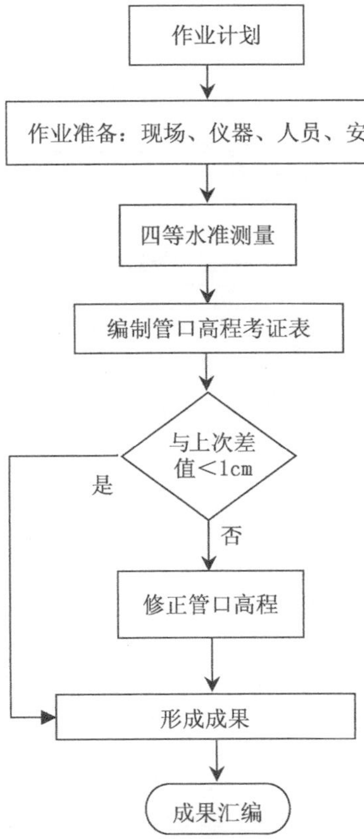

图B.2.1 测压管管口高程考证流程图

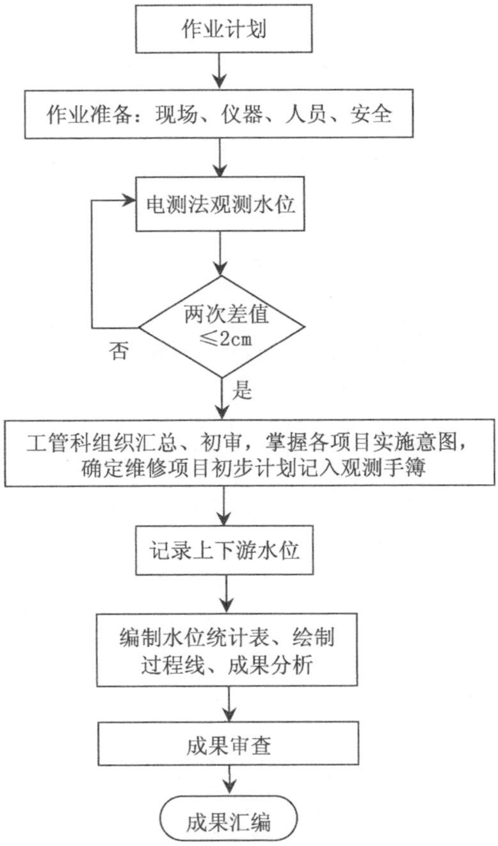

图B.2.2 测压管水位观测流程图

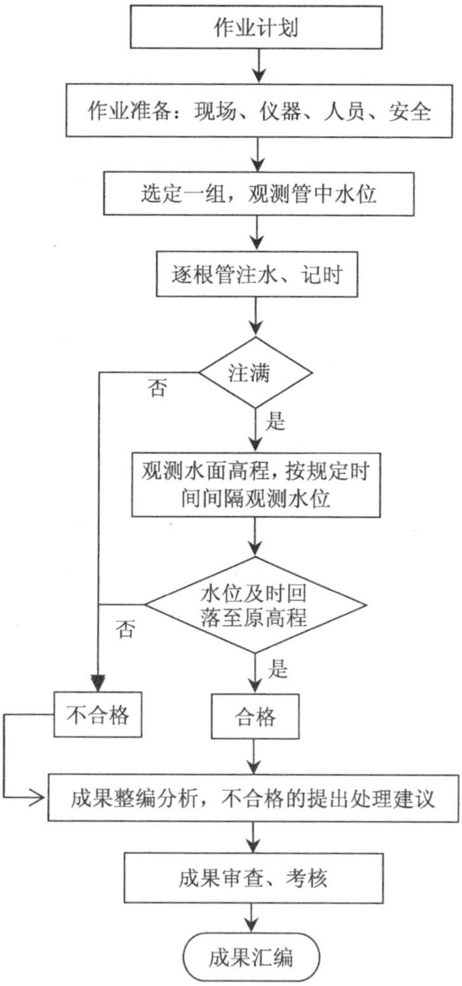

图 B. 2. 3　测压管灵敏度试验流程图

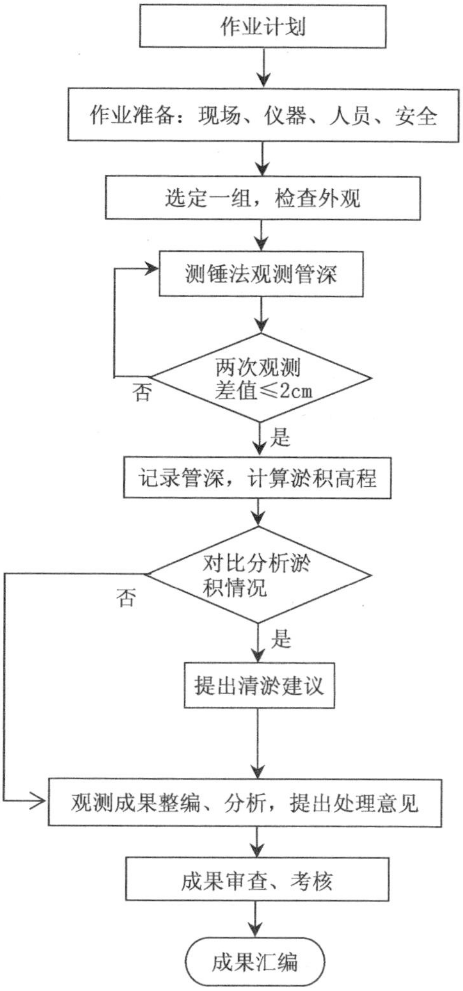

图 B. 2. 4　测压管管底淤积高程观测流程图

7　形成成果

7.1　管理所内审

观测人员完成测压管观测成果整编后，报管理所技术负责人审查。对发现的错误，及时予以改正。

对未及时完成观测任务或因缺乏责任心导致观测作业返工的，管理所负责人应对观测责任人进行批评教育。

7.2　管理处审查

管理所按时将半年、年度测压管观测成果报管理处审查、评价，并根据处属各单位互审、主管部门审查意见进行修改完善。

7.3 省河道局审查

次年初，管理所测压管观测资料，作为管理处观测成果之一，报省河道管理局，接受厅属管理处观测专业人员的互审及考核评价，争取获得优秀等次。

对省河道管理局组织审查提出的意见，管理所应予以及时整改。

附件：1. 测压管管口高程考证表(略)

2. 测压管水位统计表(略)

3. 测压管水位过程线(略)

4. 测压管注水试验成果表(略)

5. 测压管淤积深度统计表(略)

B.3 省洪泽湖管理处维修项目管理作业指导书

1 适用范围

本指导书适用于省洪泽湖管理处处属水利工程管理单位对省级财政和水行政主管部门联合下达的水利工程维修项目专项经费的管理。

防汛应急、养护和其他专项经费渠道以及自有资金实施的项目管理，参照本指导书执行。

2 规范性引用文件

《建设工程项目管理规范》(GB/T 50326—2017)
《水利工程工程量清单计价规范》(GB 50501—2007)
《水利水电工程施工质量检验与评定规程》(SL 176—2007)
《水利水电建设工程验收规程》(SL 223—2008)
《水利工程施工监理规范》(SL 288—2014)
《水利水电工程招标文件编制规程》(SL 481—2011)
《水利工程建设项目概算编制规定 》(DB32/T 2709—2014)
《水利工程施工质量检验与评定规范》(DB32/T 2334—2013)
《江苏省省级水利发展资金管理办法》(苏财规〔2017〕44 号)
《江苏省省级水利工程维修项目实施方案管理办法(试行)》(苏水管〔2013〕62 号)
《江苏省水利工程维修养护及防汛防旱专项资金财务管理办法》(苏水财〔2014〕23 号)
《江苏省省级水利工程维修养护项目管理卡(试行)》(苏水管〔2014〕58 号)
《江苏省水利工程养护修理预算定额修理分册(试行)》(2007 版)
《江苏省水利工程预算定额(2010 版) 》(苏水基〔2010〕61 号)

3 基本情况

水利工程维修项目是指对已建水利工程运行、检查发现的问题进行维修处理的工程项目，一般由财政、水利主管部门下达经费，水利工程管理单位组织实施。项目管理的基本程序包括一般项目申报审批、项目实施方案、项目采购、质量安全进度控制、资金管理、项目验收等环节。

4 作业任务

水利工程维修项目作业主要任务是按照项目管理有关规定，按期、保质组织实施完成项目，及时消除工程隐患，提高工程防洪减灾的能力。

5 作业标准

5.1 一般要求

(1) 项目管理单位应加强项目的组织管理、质量管理、安全管理、档案管理和进度控制，确保项目顺利实施，接受水利、财政、审计主管部门对项目开展的技术指导、会计核算、监督检查、审计验收、绩效评价等相关工作。

(2) 当年维修项目应当年完成。未完成的项目，项目管理单位应于年底向省水利厅、省财政厅提出延期完成的书面申请，说明未完成理由及项目实施进度计划。

(3) 维修项目财务管理按照《江苏省省级水利发展资金管理办法》《江苏省水利工程维修养护及防汛防旱专项资金财务管理办法》等相关水利专项资金管理办法规定执行。

(4) 项目管理单位应执行项目管理卡制度。收集整理项目实施过程中形成的技术资料，填制项目管理卡。

(5) 维修项目实行实施方案审批制。实施方案未经审批，项目不得实施。实施方案中，降低实施标准或项目主要实施内容发生变更的，要按原项目申报程序，重新报省财政厅、省水利厅批准。

(6) 维修项目实行采购管理制。对于对外委托实施的维修项目及项目涉及的大宗物资采购，应采用公开招标、竞争性谈判、公开比价等方式，择优选择项目施工单位或供应商。对于属于政府采购的项目，按照政府采购有关规定执行。

(7) 维修项目实行开工备案制。项目选好实施单位后，项目管理单位应进一步评估项目施工期间对工程运行的影响程度和调度运行的要求，采取应对措施，积极创造开工条件。项目具备开工条件后，报上一级管理单位备案。

(8) 维修项目实行合同管理制。项目管理单位要与施工单位签订维修合同。合同要明确维修内容、工程(工作)量、合同金额、结算方式、工期和质量要求及违约责任等内容。

(9) 维修项目实行竣工审计制。竣工验收前，项目管理单位应编制竣工决算，接受审计主管部门对竣工资金使用情况进行的审计。审计主管部门重点对工程量、资金使用合规性等进行审计，并出具审计报告。

(10) 维修项目实行竣工验收制。项目竣工验收由实施方案审批单位会同同级财政部门组织，由工管、财务审计等部门人员参加，签署验收意见或纪要。

(11) 维修项目实行项目责任制。维修项目管理单位(部门)负责工程项目的质量、进度、安全和资金管理，对项目负总责。项目管理单位应明确单项维修项目负责人、技术负责人，全面负责维修项目质量、安全、进度管理。

项目负责人主要职责如下：

——负责编制项目实施方案，提出质量、经费、进度和施工安全的主要控制措施。

——负责编制发包项目的招标文件，协助组织招投标工作。负责外包工程的合同管理，监督工程进度和质量，审核签署工程量确认单和工程决算。

——组织工程项目施工，验收原材料(或设备)和各道工序的质量，对工程质量、进度、经费和安全负责。

——负责做好工程项目验收前的各项准备工作，收集整理相关技术资料，填报《江苏省省属水利工程维修项目管理卡》。

（12）项目管理单位应建立项目管理考核制度，考核内容包括：项目完成情况、工程质量、资金使用、施工资料、安全管理等，列入单位年度目标管理考核。

5.2 项目申报

（1）工程管理单位应根据维修项目申报指南、水利工程定期检查和经常检查发现的问题，在核定维修工程量和确定技术方案的基础上，同时考虑轻重缓急、突出重点，编制单位下一年度维修项目申报计划。

（2）维修项目计划，应符合主管部门规定的格式，主要内容包括：

——项目名称。能够概括地反映工程主要部位、主要问题和处理方案，与维修项目内容及规定的使用范围保持一致。

——项目说明。简明扼要地反映工程部位、存在的主要问题、处理方案、主要技术参数、工程量和预算经费等。内容包括：项目基本情况、工程存在的主要问题、实施的必要性和紧迫性、具体实施位置、维修方案、工程量和预算经费等，并提供必要的设计图纸。

——项目概（预）算。编制的依据是项目技术方案确定的工程量、《江苏省水利工程养护修理预算定额》（试行）、《江苏省水利工程预算定额》等，上述定额中未涉及的部分，可套用现行相关专业定额。

主要材料、设备价格有政府指导价的执行政府指导价，无政府指导价的执行市场价。

预算价格的组成一般采用工程量清单格式，计价方法一般采用综合单价法。采用综合单价法编制的预算表应附单价分析表。

（3）维修项目主管部门或委托的工程项目咨询单位对水利工程管理单位维修项目申报计划进行审核，主要工作如下：

——形式审查。申报文件格式是否符合申报指南的要求，附件和附表是否齐全。

——技术审查。申报工程、项目内容是否在规定的经费使用范围以内，维修项目是否必要，实施方案是否可行。

——造价审查。工程量计算方案是否合理，套取的定额是否合适，人工、设备、材料单价是否合理，是否落实安全文明施工措施费等。

（4）审查不合格的申报项目，应退回工程管理单位重新编制完善。

5.3 项目实施方案

（1）项目管理单位接到主管部门下达的工程项目后，应依据项目名称、经费数量和原申报计划，结合水利工程、造价要素等新情况，根据《江苏省省级水利工程维修项目实施方案管理办法（试行）》和《江苏省防汛工程项目实施方案编制规定（试行）》等规定编制实施方案，明确项目负责人和技术负责人，按时上报有审批权的上级主管部门。实施方案未经审批，项目原则上不得实施。

（2）对涉及工程结构安全、专业性较强、技术要求高的维修项目，项目管理单位可邀请或委托具有相应设计资质的单位参与或承担实施方案的编制，必要时可组织专家论证。

编制单位应进行现场踏勘、调查，对工程存在问题、设计方案、施工组织、技术标准、项目预算进行分析论证，通过科学合理的比选确定最优设计和施工方案。

(3) 维修项目实施方案应符合国家有关政策及行业相关技术标准要求，其主要内容包括：项目概况、项目组织和建设管理、项目实施安排、项目实施进度、施工期间对工程运行的影响及采取的措施、资金筹措和项目预算等。

(4) 维修项目预算编制时可参照现行的水利定额、房屋修缮定额、市政工程定额和市场造价信息等，按实编制。编制时可依据不同的项目内容及定额要求对预算表的格式进行适当调整。

(5) 项目审批单位对项目实施方案审查重点如下：

——项目内容与上报的项目计划、项目经费下达内容是否一致；

——项目技术方案是否可行，项目划分及单元、工序质量控制措施是否完善，安全措施是否完善，工程技术标准及工程量是否调整；

——项目采购方案是否符合规定；

——项目预算与实施内容是否对应，单价是否合理，造价是否超出批复概算等。

(6) 实施方案应与省级水利工程维修经费计划内容一致，不得随意降低项目实施标准或调整、变更项目主要实施内容。如有变化应重新申报，由原批复单位批准同意后，再编制项目实施方案，履行实施方案报批手续。

(7) 项目实施过程中，确因工程需要，需增加或减少实施内容，或个别清单工程量较招标阶段变化较大的，需履行变更手续。变更手续由项目管理单位申请，上级主管部门审批。

5.4 采购管理

(1) 维修项目采购方式分为公开招标采购、单位分散采购(询价采购、竞争性谈判、单一来源采购等)、自行实施等。项目管理单位应严格执行经主管部门审批的项目采购方案。

(2) 维修项目采购方式适用条件如下：

——对已经达到公开招标规模的项目应实行公开招标采购。

——对已达到当地财政部门明确的集中采购限额标准的项目，应按照当地政府采购有关规定实施政府集中采购。

——对未实施公开招标也未实施政府集中采购的项目，应当按规定实施部门集中采购或单位分散采购。

——项目管理单位有具备相应资质的施工队伍时，可自行实施维修项目。

(3) 维修项目采购内容包括货物、服务和工程。项目管理单位应严格执行项目采购管理的法规政策，规范采购行为，形成多部门参加、相互监督的采购机制。

(4) 询价采购时，一般邀请报价的供应商不少于 5 家。询价采购文件格式参见附录 C。

(5) 对标的金额超过 5 000 元的对外经济事项，项目管理单位应签订经济合同。合同主要内容如下：

——当事人名称、地址；

——合同标的数量、规格、型号、品牌；

——价款或报酬、质量保证金金额或比例、支付方式；

——质量管理要求和安全生产责任；

——履行期限、地点；

——项目验收、结算方式；

——违约责任及争议解决方式等。

（6）工程维修项目合同应经双方法定代表人或授权代表签字并加盖单位印章。

（7）工程维修项目合同应注明合同对方必须无条件接受财政、水利、审计单位和本单位对该项工程实际成本的延伸审计或资金使用情况检查。

5.5 质量、安全管理和进度控制

（1）项目开工报告一般应在签订施工合同后5日内送审，并应附有关的招投标资料、施工组织设计、施工图和合同原件等资料。

项目开工报告一般由项目管理单位的上一级主管单位进行审批。

审批单位业务部门意见一般由审批单位工管处（科、站）填写，单位意见由审批单位负责人填写，并加盖审批单位印章。

开工报告的审查重点如下：

——施工单位选定程序是否合规；

——附件资料是否齐全；

——施工组织设计是否合理；

——施工图是否满足设计及施工要求；

——合同签署是否规范等。如项目属于货物采购类，则不需要提供开工报告。

（2）项目管理单位应明确质量标准，按照实施方案确定的项目划分、单元（工序）质量评定标准和合同约定，对维修项目实施过程实行质量监督管理。

（3）施工单位应填制单元（工序）质量评定表格。

（4）维修项目质量控制要点如下：

——原材料、中间产品、成品是否经过检验合格；

——工程设备是否具有质量保证书、检验合格证；

——土建施工及设备安装是否达到设计标准要求；

——隐蔽工程是否经过签证等。

（5）项目管理单位应开展危险源识别，对危险性较大的专项工程，应落实专项安全生产技术措施，并跟踪监管。

（6）维修项目安全管理要点如下：

——临时用电是否符合规范要求；

——特种作业人员是否持证上岗；

——各种施工设备是否具备安全运行条件，是否采用接地措施；

——是否采取临边、临水、临洞口等安全措施；

——施工现场是否采取安全防护、隔离措施；

——涉及工程运行的，是否与防汛抢险有矛盾；

——涉及电气线路断电的，是否办理工作牌和操作票等。

（7）维修项目实施时间，应不影响水利工程安全运用。项目管理单位应督促施工单位抓紧时间，完成进度计划。一般情况下维修项目不能跨年度实施。

（8）项目管理单位每月25日前进行项目进度统计，包括形象进度和财务支付进度两个方面，按时上报项目主管部门。

5.6 资金管理

(1) 经批复的项目实施方案和核定的项目概预算，是专项资金使用执行的依据。维修项目经费的使用必须严格执行专项资金管理办法。禁止如下行为：

——擅自扩大专项资金使用范围；

——擅自改变专项资金使用用途；

——用于水利工程中非公益性部分的维修养护支出；

——用于事业单位在职和离退休人员工资福利和公用经费等一般性支出；

——用于超出正常维修养护项目范围的支出；

——随意变更，超出项目预算经费；

——在项目经费通知下达前已实施的项目和发生的支出列入专项资金项目支出；

——虚列支出，以虚假合同或者虚开发票套取、骗取专项资金；

——以大额现金(单笔或多笔超过 5 000 元的)预付及结算施工工程款、材料设备和劳务价款；

——由他人代为领取结算经费等。

(2) 项目管理单位具体负责专项资金的使用和管理。项目管理单位负责人及项目负责人对资金使用的真实性、准确性、及时性和完整性负全面责任，分管领导负直接领导责任，单位内部有关职能部门各司其职、各负其责。项目管理单位的财务部门负责对专项资金的核算管理、报账以及项目实施过程中资金使用情况的监督。

(3) 项目实施过程中，如发生合同变更或设计变更，确需调增单项结算价格、工程量或合同总价的(不得超出项目预算总额)，必须由工程技术人员提供调整的变更材料，经单位领导集体研究后确定，并形成书面纪要，经双方签字认可，施工单位方可进行变更项目实施。

(4) 项目价款结算应按合同规定的支付方式、时间及条件支付。资料要求如下：

——首次支付应附有施工合同(用工合同)或工程量(用工量)确认单。

——工程结算款的支付凭证应附有工程计量和核定资料、主要材料进场验收资料、经审核认定的结算书、工程质量检查及验收资料和税务发票等。

——设备或材料款的支付凭证应附有采购协议、经项目负责人签收的设备清单、验收记录、产品合格证、材料明细清单和税务发票等。

——临工劳务支付凭证应附有劳务合同、实名签字表、劳务工作量记录清单。

(5) 专项资金结算应通过银行转账进行。如为个人，经批准后应当存入对方银行卡，并在报销凭证上注明姓名，留有身份证复印件、家庭地址、宅电及移动电话。

(6) 项目管理单位应按有关规定建立健全专项资金支出程序和手续。专项借支应当编制支出预算单并经单位领导批准；报销结算时，应填写费用报销单，详细注明经济业务的内容、经手人、证明人、业务发生日期等事项。工程项目经费支付凭证，必须有项目负责人、财务负责人、单位负责人签批后方能支付。

(7) 使用专项资金购置的资产或形成的资产，应当及时办理决算验收、登记，按照规定纳入单位资产管理。直接购置资产而未办理验收登记手续的，财务部门不得报销。

(8) 维修项目完工后，项目管理单位应及时编制项目决算，并由财务审计部门或委托中介机构对竣工决算进行审计，重点对项目实际完成工作量、大宗材料实际使用数量、专款专用等情况进行审计，出具审计意见。

(9) 项目管理单位项目负责人以及业务部门对项目工程量、实物量真实性负责。业务部门审核人员对承包供应商的预付款、价款结算凭证等支付申请进行审查，并对支付申请的真实性负责。财务部门审核人员对业务部门提交的支付申请进行审核，对所审核内容的合规性和机械准确性负责。

(10) 质量保证金按规定提留，在质量保证期满后，按合同规定的条款支付。

(11) 维修项目完成后，其结余经费应当继续用于专项用途，具体的审批程序按照有关规定执行。

(12) 项目竣工后，项目管理单位应填写目竣工决算表，主要包括合同内工程量完工结算、双方补充协议结算以及勘察、设计、检测等与本项目相关的其他合理费用。工程竣工时，项目管理单位应组织施工单位、监理单位(如有)等先对送审的工程量进行核定，三方签字确认，并填写工程量核定表。确认后，施工单位应及时报送结算书交项目管理单位审核，报送的结算书原件应一式两份，一份交财务部门支付使用，一份归入施工管理卡。结算书作为竣工决算表的附件存档。

5.7 验收管理

(1) 维修项目验收，可分为隐蔽工程验收、自验和竣工验收三个阶段。

(2) 隐蔽工程验收，由项目管理单位组织，验收小组由工程技术及相关人员组成，对工序质量的检查记录和单元评定的结果及相关资料进行验收。隐蔽工程验收不合格的，不得进行下一道工序施工。

由项目实施方案审批单位确定的重要隐蔽工程验收，项目管理单位应邀请主管部门派员参加。

(3) 维修项目自验，由项目管理单位组织工程、财务及相关技术人员参加，在工程完工后及时进行。自验主要内容如下：

——批复工程的工程量完成情况；

——工程质量评定情况；

——工程经费使用情况；

——项目技术资料整理归档情况；

——对工程存在问题提出处理方案，形成自验意见。

(4) 项目竣工验收，由项目竣工验收单位(一般为实施方案审批单位)组织进行。竣工验收单位在接到验收申请后应及时组织财务审计，对项目的资金使用情况进行客观评价。审计通过后，应及时组织工管、财务等有关部门和单位进行项目竣工验收，签署验收意见或纪要。验收通过后，项目管理单位应按有关科技档案要求将“维修项目管理卡”及时归档。

(5) 维修项目竣工验收程序如下：

——听取项目管理单位、施工单位关于项目实施情况的汇报；

——查看工程现场；

——复核工程量；

——查阅项目管理卡；

——查阅财务支付资料；

——听取审计情况汇报或查阅项目审计报告；

——形成并签署验收会议纪要或验收报告。

(6) 维修项目竣工验收要点如下：

——是否完成批复的工程量；

——工程质量评定是否合格，设计变更、工程计量资料是否齐全；

——结算支付是否符合财务规定；

——隐蔽工程验收、项目管理单位自验是否符合程序；

——项目采购是否规范；

——有无工程遗留问题；

——维修项目管理卡填写的内容是否齐全，工程现场、技术资料、财务资料是否一致等。

(7) 维修项目竣工验收会议纪要应报省水利厅、财政厅和同级财政部门备案。省属单位直接报省水利厅、财政厅备案。

5.8 资料管理

(1) 维修项目按单项建立项目管理卡。项目管理单位应收集、整理维修项目管理档案资料，填写维修项目管理卡。

(2) 维修项目施工管理卡主要内容包括：

——项目实施计划审批表(附项目实施方案、项目预算)；

——开工报告审批表(附施工组织设计)；

——项目实施情况记录；

——项目质量检查及验收；

——项目竣工总结、项目竣工决算、项目竣工验收卡。

(3) 维修项目附件资料包括：

——维修项目批复文件；

——项目采购相关资料(含招标文件、询价采购文件、报价文件、评审会议纪要、合同协议文本等资料)；

——施工结算资料(含设计变更资料、工程量计算资料、施工结算书、第三方审计报告等)；

——质量控制资料(竣工图、单元工程质量评定报告、质量检验报告、设备合格证、技术说明书等)；

——其他资料(项目竣工决算审计报告，工程施工前、中、后图片等)。

(4) 维修项目完工后，项目管理单位应及时对项目建设管理、质量控制、经费使用和维修效果等情况进行总结，撰写总结报告。内容主要包括：

——完成的主要内容或工程量；

——项目建设管理情况；

——项目施工进度情况；

——施工队伍选择、设备选用以及采购招标情况；

——采用的主要施工技术和施工方法及变更情况；

——质量控制与管理、安全生产情况；

——资金使用情况；

——遗留无法处理的问题；
——维修效果；
——其他需要说明的情况。

(5) 项目管理单位应填写维修项目管理大事记，简明扼要记录项目实施过程中的重要事件。主要包括：

——项目采购(招投标)；
——项目开工；
——隐蔽工程的验收、试运转；
——技术方案变更；
——施工技术难点的处理；
——审计、检查、自验、竣工验收等。

6　作业流程

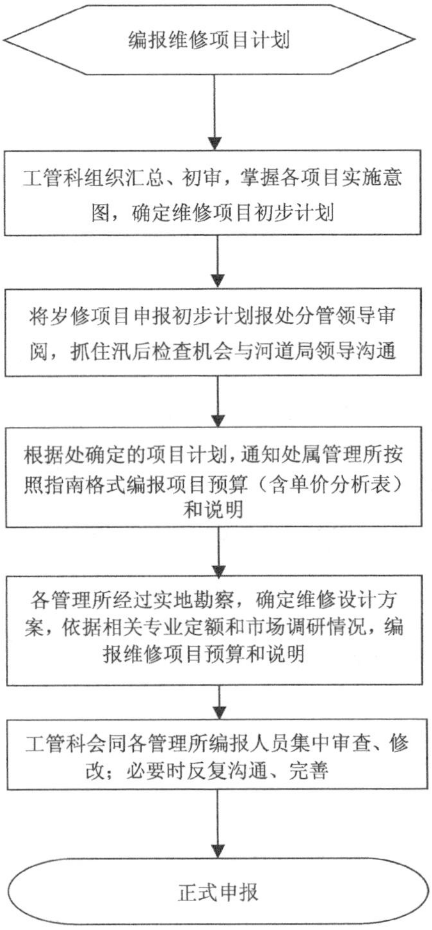

图 B.3.1　维修项目申报流程图

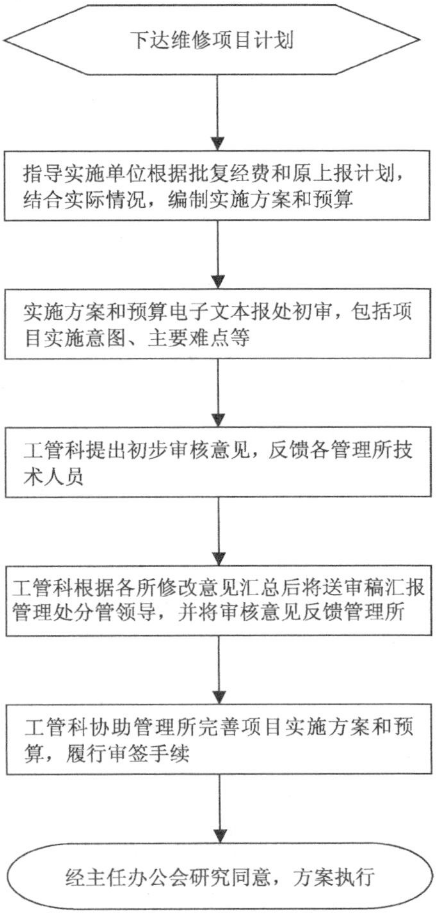

图 B.3.2　维修项目实施方案审批流程图

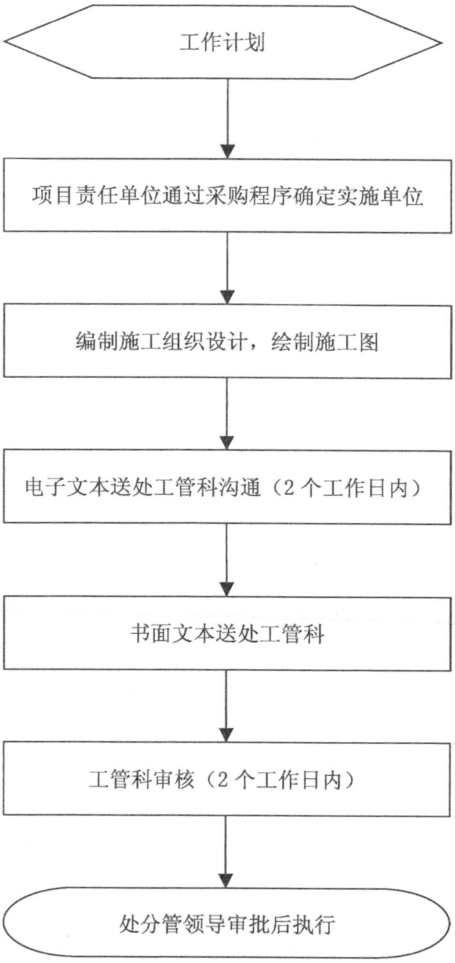

图 B.3.3　维修项目开工报告审批流程图

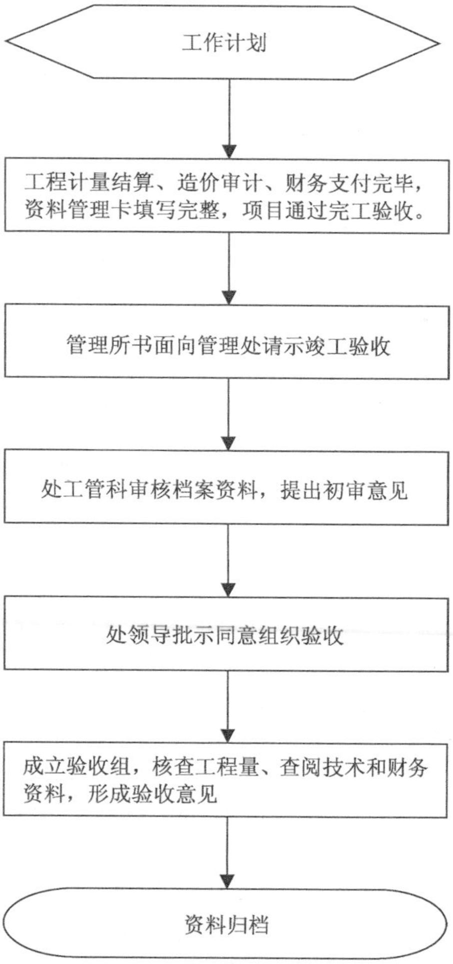

图 B.3.4　维修项目竣工验收流程图

7　作业管理制度与考核

维修项目年度完成情况是对单位工程管理考核的重要内容，重点考核实施质量、完成进度（包括经费支付进度），纳入管理处对管理所的年度考核中。

附录：1. 项目计划申报文件格式（略）

2. 采购管理文件格式（略）
3. 质量管理文件格式（略）
4. 资金管理文件格式（略）
5. 验收管理文件格式（略）
6. 项目管理卡格式（略）